1-1 辽宁省北宁市常兴镇微型
　　冷库一条街

1-2 河北省昌黎县耿学刚的
　　昌黎干红酒堡

1-3 昌黎干红酒堡的多石山地旱
　　作酒用葡萄园

2-1 上海葡萄研究所的葡萄遮雨
　　限根栽培

2-2 红地球葡萄果穗

2-3 红意大利葡萄果穗

2-4 河北省怀来县的牛奶葡萄

2-5 辽宁铁岭王文选有机巨峰葡萄的
单穗包装及单层包装箱

3-1 天津市蓟县多石山地的葡萄园

3-2 哈尔滨集约化冷棚葡萄栽培

4-1 葡萄采收和一次性修整果穗

4-2 日本意大利葡萄的单果穗
精细包装

4-3 日本特级巨峰果及1千克
容积的包装盒

4-4 单层包装要求巨峰果
穗均为圆柱形（日本）

4-5 保鲜运输用的防腐保鲜纸垫

第五章 彩 图

5-1 灰霉病侵染的红地球果穗

5-2 CT$_2$葡萄保鲜剂

5-3 田间装箱时,立即投放保鲜剂

第七章 彩 图

7-1 上海市奉贤区沈氏葡萄酒作坊

7-2 旧库房改造成葡萄小酒庄
（黑龙江省农业科学院园艺
研究所）

7-3 美国那帕的一个葡萄酒庄

7-4 美国那帕葡萄酒庄酒用葡萄品种展示长廊

7-5 河北省昌黎干红酒堡的小不锈钢罐贮酒

7-6 地下酒窖的橡木桶贮酒

7-7 小酒庄的酒瓶清洗（上海沈氏葡萄酒作坊）

7-8 小型单瓶压塞机

7-9 上海沈氏葡萄酒作坊的葡萄酒展示

建设社会主义新农村书系（第二批）

种植业篇

葡萄无公害贮运保鲜与加工

修德仁　杨卫东　编著

中国农业出版社

农村读物出版社

图书在版编目（CIP）数据

葡萄无公害贮运保鲜与加工/修德仁，杨卫东编著．
北京：中国农业出版社，2007.1
（建设社会主义新农村书系）
ISBN 978-7-109-11437-1

Ⅰ.葡… Ⅱ.①修…②杨… Ⅲ.①葡萄－贮藏－无污染
技术②葡萄－食品保鲜－无污染技术③葡萄－食品加
工－无污染技术 Ⅳ.S663.109

中国版本图书馆 CIP 数据核字（2006）第 155919 号

中国农业出版社
农村读物出版社 出版
（北京市朝阳区农展馆北路 2 号）
（邮政编码 100125）
责任编辑 舒 薇 黄 宇

中国农业出版社印刷厂印刷 新华书店北京发行所发行
2007 年 1 月第 1 版 2009 年 2 月北京第 3 次印刷

开本：787mm×1092mm 1/32 印张：8.125 插页：2
字数：171 千字
定价：11.80 元
（凡本版图书出现印刷、装订错误，请向出版社发行部调换）

　　党的十六届五中全会明确提出了建设社会主义新农村的重大历史任务。中国农业出版社按照生产发展、生活宽裕、乡风文明、村容整洁、管理民主的要求，秉承为"三农"服务的办社宗旨，及时策划推出了《建设社会主义新农村书系》。

　　本套书紧紧围绕建设社会主义新农村的内涵，在内容上，分农业生产新技术、新型农民培训、乡村民主管理、农村政策法律、农村能源环境、农业基础建设、小康家园建设、乡村文化生活、农村卫生保健、乡村幼儿教育等板块；在出版形式上，将手册式、问答式、图说式与挂图、光盘有机结合；在运作方式上，按社会主义新农村发展的阶段性，分期分批实施；在读者对象上，依据广大农村读者的文化水平和阅读习惯，分别推出适合广大农民、农技人员和乡村干部三个层次的读本。整套书力求内容通俗易懂，图文并茂，突出科学性、针对性、实用性和趣味性；力求用新技术、新内容、新形式，开拓服务的新境界。

　　本套书第一批近百种出版半年多以来，得到了广大农民朋友的欢迎。此次推出的第二批更进一步地为农民朋友提供了范围更宽、内容更新的选择对象。

我们希望该套书的出版，能够提高广大农民的科技素质，加快农业科技的推广普及，提高农业科技的到位率和入户率，为农业发展、农民增收、农村社会进步提供有力的智力支持和精神动力，为社会主义新农村建设注入新的生机与活力。

中国农业出版社

2007 年 1 月

前　言

至 2002 年，我国已成为世界上鲜食葡萄第一生产大国，鲜食葡萄总产已突破 380 万吨。但在同年，我国鲜食葡萄的出口量还不足 1 000 吨，而进口量以红地球葡萄为主的鲜食葡萄则超过 5 万吨，如果加上从我国港澳等转口进入我国其他省、直辖市、自治区市场的数量，总数将近 10 万吨，成为名列世界前茅的鲜食葡萄进口大国。在国内鲜食葡萄市场上，葡萄生产集中产区"季产季销、地产地销"是销售主体的格局并无根本性改变。产地"贮不进、运不出"，运出产品腐烂率高、质量下降仍是我国园艺产品，特别是含水量较高、皮薄、梗脆、易脱粒的葡萄产业发展的重要障碍。葡萄产区"卖果难"，非产区，特别是中小城镇消费者"吃不着"葡萄的局面仍然十分突显。为什么发达国家以及像南美洲智利等第三世界国家鲜食葡萄生产量不大，但国内外市场流通量大？问题就在于他们已建立起从品种、区域化、栽培到产后质量分级、保鲜包装、贮藏保鲜、运输保鲜、货架保鲜等环节配套的低温物流体系，而其中关键的技术环节就是贮运保鲜。这就是撰写本书的主要动因。

本书的另一组成部分是酒庄葡萄酒酿造技术。这主要是面向产区农民的，面向农业观光、乡村旅游业的，面向村镇利用本地优势农产品进行小型深加工产业的。农民酒庄葡萄要以"精美"的葡萄酒自酿自饮、就地消费为主，滚动扩大市场空间；以乡村美景、乡土美食和特色美酒相映成辉，推动农村一、二、三产业互动和增加农民收入。

鉴于上述两个目的，本书力求通俗、实用，并融入国内外的先进科学技术。本书在撰写中得到本单位一批长期从事葡萄等果品保鲜研究的科技人员提供的最新研发成果和资料，其中第二章市场竞争力分析由市场部曾庆伟撰写，由杨卫东汇总编著葡萄贮运保鲜部分；天津市林业果树研究所酒庄葡萄研究中心高献亭提供部分资料，由修德仁汇总编著葡萄加工部分。两部分书稿由朱秋英审核相关章节，修德仁作最后编写审校定稿，在此一并致谢。

由于编者水平有限，书中错误在所难免，敬请专家及读者指正。书中所提供的农药、化肥、保鲜剂、酿酒添加材料的浓度、使用量及使用方法，会因葡萄种与品种、生长时期、产地生态环境条件及贮运加工环境条件、设备、工艺技术差异而有一定的变化，故仅供参考。实际应用时以所用产品使用说明书为准。

修德仁

2006 年 12 月 5 日于天津

国家农产品保鲜工程技术研究中心

通讯地址：天津市西青区津静公路 17 公里处

邮　编：300384

电　话：022 - 23713570

Email：llx0981@sina.com

目　录

第一章 概 述

一、葡萄是世界上位居第二的果树产业

1. 葡萄酒产业正在从欧洲向新兴国家扩展　欧洲是葡萄酒的最大生产和消费区，仅法国、意大利、西班牙3个国家，就拥有世界上约40％的葡萄园和占据世界近一半的葡萄酒产量。近些年世界流行的"红葡萄酒热"，给世界人民带来了健康饮酒的福音，也极大地推动了世界葡萄酒新兴国家如美国、智利、阿根廷、澳大利亚等葡萄酒"新世界"的产业发展，但对"老欧洲"的葡萄酒业却拉动力不大。

2. 发展中国家更具发展鲜食葡萄的比较优势　早年鲜食葡萄的出口大国是意大利、西班牙等欧洲国家。近些年来的最明显变化就是一批第三世界国家正在冲向前列。鲜食葡萄产业属劳动密集型产业，从种植、架式、管理到采收，从采后果穗整理、包装到贮藏保鲜、运输保鲜、货架保鲜都比加工用葡萄需要更多的劳力，特别是必不可少的手工劳力的投入。在人少地多、劳力资源短缺、劳力费用昂贵的发达国家，鲜食葡萄产业发展就不及粮食、油料等适合大面积机械化的作物种植更具比较优势和比较效益。大量的材料显示，鲜食葡萄产业发展较快的新兴国家，几乎都是发展中国家。这个信息给我们以重要启示，中国大力发展鲜食葡萄产业具

有广阔的市场前景。

3. 葡萄干、葡萄汁仍有较大发展空间 葡萄汁、葡萄干仅占世界葡萄总产量的 5％～8％。作为一种甜食，葡萄干的发展受到一定局限；加工葡萄干的原料葡萄，通常以无核品种为主，并要求较高的糖度。糖度偏低的葡萄晾制的葡萄干非常"干瘪"，影响外观品质，这些都使葡萄干的产区受到较大局限。随着葡萄干对牙齿等健康功能的发现，葡萄干转用于酿酒原料及糕点业的需求，葡萄干的种类、用途在向多样化方向发展，葡萄干产业正在稳步地前进。

营养丰富的无酒精饮料——葡萄汁越来越受到消费者的青睐。美国是葡萄汁的主要生产国，主要产区是在相对夏季多雨的美国东部地区，所用品种是康可等抗病较强的欧美杂交种品种。它提示我们，具有夏湿气候特征，包括中国在内的东亚等国家有希望成为新兴的葡萄汁生产国。

4. 营养与健康意识增强是葡萄产业发展的推动力 葡萄是人们普遍喜爱的果品，果穗色泽艳丽，果粒晶莹剔透，果肉柔软或酥脆，酸甜可口，香气宜人。其品质既能满足人们的感官享受，又有很高的营养和保健价值，成为营养学家大力推崇的健康食品。20 世纪 90 年代*，在世界及中国，出现饮红葡萄酒"热"，就是因为红葡萄酒在酿造过程中是将红色葡萄破碎，连汁带皮带籽一起发酵的，红葡萄酒中含有更多的多酚类物质。英国的卫生组织调查发现，法国人食用脂肪并不比英国人、北欧人少，但心血管发病率却明显较低，而被称为"法国怪现象"或称"法国悖论"、"法国现象"。后来的医学研究揭示：这与法国人饮用的是葡萄酒而

---

* 本书年代如无特殊说明，均为 20 世纪。

非烈性酒、食用多种水果蔬菜有关。

葡萄多汁、糖量适宜、糖酸比适中，使之成为酿制果酒、制汁的最佳原料之一。葡萄与葡萄酒的丰富营养与健康功能以及葡萄保鲜科技、冷链物流体系的支持，为葡萄产业的大发展增加了助动力，这也是葡萄在世界各种果树中始终雄居榜首和前茅的原因所在。

二、中国是世界鲜食葡萄第一生产国和重要进口国

中国虽然是世界上鲜食葡萄第一生产大国，但同时中国又是世界上鲜食葡萄的主要进口国之一。

1. 我国鲜食葡萄质量有待提高　当前我国葡萄生产上存在的主要问题之一就是鲜食葡萄质量与国际市场的差距较大。红地球葡萄（俗称美国红提）属世界市场上流行的品种。我国的种植面积已猛增至5万公顷，成为仅次于巨峰的第二大鲜食品种。但国产红地球葡萄真正能赶上美国进口红地球质量标准的可谓凤毛麟角。

2. 食品安全问题已引起广泛关注　果蔬产品在生产过程中大量使用农药，特别是对人体危害较大的某些有机农药而引起食用者中毒的例子，出口产品因某些农药含量超标而被拒之门外的例子不胜枚举。这也是"洋葡萄"至今还主要占据中国冬春葡萄市场的不可忽视的原因。在葡萄产后存在的食品安全问题是包装、贮运保鲜与加工过程中，使用不符合食品安全要求和引起环境污染的包装材料；乱用贮运保鲜药剂引起药剂超标；采用或部分采用酒精、香精、色素配制葡萄酒；贮运加工设备对葡萄及加工品或环境造成污染等

等。这些问题已引起消费者及社会的广泛关注。

3. 贮运保鲜及市场滞后是鲜食葡萄走向市场的瓶颈
贮运保鲜，包括分级、包装、运输保鲜、贮藏保鲜、货架保鲜等多个环节。它是一项系统工程。任何一个环节的疏漏都可能导致葡萄的腐烂变质、增损减值。长期以来，我国鲜食葡萄的销售基本是"季产季销、地产地销"。"贮不进、运不出"导致葡萄集中产区采收价格低，损失大，甚至出现卖果难的问题。果农坐等市场，一些果商乱砍价，忽而蜂拥而至，忽而无人问津；一些果农以次充好，鱼目混珠应对果商，结果是双方都未能摆脱市场风险。

4. 鲜食葡萄出口已走出低谷转向快车道 近几年，我们欣喜地看到，鲜食品种的国际化趋势明显，一批国际市场流通的品种，如红地球、意大利及一些无核品种正在我国加速发展；一些名种正在向我国优势葡萄产区集中，特别是西北产区；各地区也在充分利用中国气候资源、生态环境丰富多样的特点，发展特色品种、特色产品；符合中国农村现有经济体制和经济水平的微型节能冷库从辽宁省已向全国扩展，低温冷藏运输和预冷后保温运输发展迅速；葡萄栽培者的商品意识、品牌意识、包装标准化意识及市场观念正在增强，各类葡萄产销组织正在加速发展中；从 2003 年开始，我国鲜食葡萄的出口量开始从最低谷中走出。2003 年出口量猛增至 3 万余吨，2006 年达 8 万余吨。

三、以葡萄贮运保鲜产业拉动产前产业发展

从世界发达国家农产品产值构成来看，农产品产值的70%以上是通过采收后的分级、包装、贮运保鲜和加工、销

售等产后产业环节来实现的。如美国，农产品采收时的自然产值与产后产值之比为 1∶3.7（20 世纪 90 年代初），而我国同期则为 1∶0.38，至今也未达到 1∶1 的水平。

1. 建微型冷库、走"小规模、大群体、大基地"贮藏之路 1995 年，国家农产品保鲜工程技术研究中心（原天津农产品保鲜研究中心）在辽宁省北宁市建起了一批自主创新设计与安装的微型节能冷库用于葡萄贮藏，其库容为 10～50 吨，多数为 20 吨，冷库制冷设备、土建等一次性投资约 4 万元，即每贮 1 千克葡萄，平均冷库建筑及制冷设备、安装投入为 1.6～2 元。早期建库的一些葡萄种植户，多数实现了当年建库贮藏葡萄，冬季或春节前销售后便收回全部建库成本，并有盈余。"一石激起千层浪"，北宁市几个葡萄生产大镇的农民纷纷建起微型冷库。为了解决"三相电"和贮藏葡萄的销售，具有批发市场功能的微型冷库一条街，在北宁市不断涌现。如北宁市常兴镇一条不足 10 千米的街道两旁建起了户户冷库相连的 500 余座微型冷库一条街。全北宁市仅用 5 年时间就建起微型冷库近 2 000 座。

截止 2002 年，辽宁省兴建微型节能冷库近 6 000 座，葡萄年贮量达 20 万吨，贮藏葡萄占鲜食葡萄年生产量的 1/4～1/3，大大地缓解了葡萄采收季节卖果难的问题，葡萄产后增值成为葡萄产区农民的又一收入来源。

2. 微型冷库在运输保鲜中的作用 微型冷库不仅成为我国葡萄贮藏的库型，同时，这些冷库在采收季节普遍被用作预冷库，为简易保温运输和冷藏运输提供了基本的运前预冷条件。在现代预冷库建设费用偏高的情况下，微型冷库与其他中大型冷库共同为加速葡萄采收季节的流通做出了重要贡献。如全国最著名的新疆吐鲁番地区，5 000 吨的冷库库容能力，承担了 10 万吨以上的无核白等鲜食葡萄采季外运预冷，尽管预冷效果远不如真正预冷库好，但对运输中的减少腐烂损失、拉长运输距离、延长销地市场货架期的作用还是十分明显的。

四、建冷库、建酒庄，农民走上致富路

1. "要想富建小库" "要想富建小库"，这是辽宁省葡萄产区农民的切身体会。1995 年，辽宁省北宁市常兴镇果农郭景厦，率先建起了第一座 20 吨容量的微型节能冷库。由于这种冷库温度能自动调控，又有科技人员的帮助指导，自家种的葡萄自家贮，自然质量上乘，从采收分级到入库预冷，从保鲜剂投放到冷库管理，都是事事精心、步步到位，贮藏的巨峰葡萄到元旦、春节仍然新鲜如初，每千克售价高达 6～12 元，当年建库当年回本，还盈利几万元。他所在的荒地村有 81 户人家，到 1998 年，在他的带动下，共修建微型节能冷库 94 座，户均贮量 28 吨，人均收入从 1995 年只种葡萄不贮葡萄的 3 400 元增加到 1998 年又种葡萄又贮葡萄的 1 万余元。农民高兴地说："自家建起小冷库，等于夏天产一茬葡萄，冬天又出一茬葡萄"。近两年，作为东北葡萄鲜贮第一镇的常兴镇，在葡萄贮藏量增长的情况下，又出现了"贮好葡萄好卖，贮差葡萄难卖"的局面。当地贮藏大户张庆彪等又率先在常兴镇组织起 60 户葡萄贮户，成立了常兴葡萄产销合作社，组织技术培训，抓品种更新、产量控制；抓果穗整形、果穗套袋，减少农药用量；抓包装改进和品牌建设；抓市场网络建设，实现了葡萄产销组织的跨地区、跨省市的南北联合，冬贮葡萄销售价格大幅增长。一种

"分户种植、分户贮藏，组织起来集中走向市场"的新格局和新的经济增长方式正在形成。

在葡萄贮藏保鲜方面，辽宁省营口市正红旗村成为葡萄生产、贮藏专业村，并被评为辽宁省的小康村，在辽南果产区影响颇大。该村有 738 个农户，近些年修建了以微型冷库为主的 360 座冷库，户均葡萄贮量 30 吨，葡萄种植面积达 226 公顷，占全村耕地的 74%。走进该村，二层"小洋楼"鳞次栉比。从秋到冬，南来北往的运葡萄车络绎不绝，在镇葡萄协会和一批葡萄销售经纪人的推动下，"换良种、提质量、抓贮运、闯市场"正在成为该村农民的普遍共识。

2. 农民家庭小酒庄正在中国兴起　河北省昌黎县是我国红葡萄酒的著名产地，中国长城华夏葡萄酿酒公司等 20 余家大中型葡萄酒厂就坐落在该县。以十里铺乡耿学刚为代表的 8 个农民家庭小酒庄的建立，又为全国县域最大的红葡萄酒产区增添了新的亮点。早在 20 世纪 80 年代，耿学刚家就是当地有名的葡萄种植大户。1996 年，他与妻子赴天津参加了 2 期葡萄贮藏技术培训班，至此他就下决心在自家院里建一个小冷库。他的这一举措首先受到被当地果农称为"葡萄把式"的长辈的反对，认为自古昌黎玫瑰香葡萄都是土窖干梗贮藏。他在科技人员的指导下，建冷库、搞贮藏，认真操作，到春节前后他贮藏的玫瑰香葡萄仍然梗绿、粒圆、香气扑鼻，成了春节当地人送礼佳品，售价天天看涨。在他的带动下，昌黎一带建起了 200 余座微型冷库。他以这批先富起来的葡萄贮户为骨干，又率先在该地区建立了秦皇岛碣石葡萄协会。当红葡萄酒原料在大发展后刚显露价格下滑端倪时，他又在中国农学会葡萄分会有关专家的启示与指导下，开始用传统的葡萄酿酒工艺，尝试用手工方式酿造葡萄酒。随后又亲赴西北农林科技大学葡萄酒学院参加葡萄酒酿造培训班，用3万元购买了天津市林业果树研究所农产品加工研究中心的微小型的破碎机、压榨机、管道泵、硅藻土过滤机、膜过滤机和压盖机全套设备，自己参照大葡萄酒厂不锈钢发酵罐、贮酒罐，设计制作了一批0.2～1吨的不锈钢罐，年产红葡萄酒10～60吨。他生产的葡萄酒一部分以自酿自饮、代加工的形式为碣石葡萄协会及周边葡萄酒爱好者所用，每千克葡萄酒收加工费2～3元。如果按每千克葡萄原料3～4元计，加工1千克葡萄酒的原料费不到6～8元（1.7～1.8千克葡萄可酿出1千克葡萄酒），加上酒瓶、软木塞、酵母，按2元/千克葡萄酒计，每千克装瓶的优质葡萄酒只有10～13元。按750毫升一瓶，每瓶葡萄酒的成本只有7.5～9.75元，不装瓶的散装葡萄酒每千克只有8～11元，饮葡萄酒的协会会员说：“我们是拿喝啤酒的价喝更有营养、更利于健康的优质红葡萄酒。”其中的缘由是：按酒精度计算，葡萄酒为11～12度，啤酒为3.2～3.8度，之间比例为1：3～4，也就是说按酒精饮量计算，喝同容量的1瓶葡萄酒，相当于喝3～4瓶啤酒。耿学刚利用酒庄坐落在著名的昌黎葡萄沟旅游景点沟口的地域优势，注册了耿氏酒堡干红葡萄酒商标，每瓶酒也卖20～30元。他高兴地说，这可比贮藏葡萄更放心，今年卖不出，明年还可接着卖。当他用头一年酿酒的盈利自费随中国轻工总会业务考察团踏上世界最著名的红葡萄酒产区——法国波尔多时，他惊奇地发现，绿波万顷的葡萄园里点缀着的座座欧式小楼房，原来既是葡萄园的庄主住房，又是一座座小酒庄、小酒堡。波尔多地区年产葡萄酒60余万吨，相当于中国葡萄酒产量的2倍。波尔多的葡萄酒正是由种、酿合一的12 000余家农户家庭酒庄拼成的，平均一个酒庄只产55吨葡萄酒。仿照欧洲酒堡，耿学刚又建起了能容30位游客的耿氏葡萄酒堡。在有关专家的参与下，在此建立了中国农学会葡萄分会家庭酒庄葡萄酒研究中心。在燕赵大地，十几个农民家庭酒庄已经或正在建立，并已波及辽宁、吉林、黑龙江、福建、江苏、甘肃、陕西、新疆等葡萄产区。

发展农民家庭葡萄酒庄的优势在于：

（1）种酿合一　如同发展农民家庭微型冷库实现种贮合一一样，种酿合一的农民家庭酒庄可以避开目前多数葡萄酒厂与酿酒葡萄基地之间的"买卖关系"所带来的市场风险和价格波动，使酿酒所获盈利装进农民的腰包。

（2）酿制特色优质葡萄酒　欧洲真正好的特色葡萄酒多来自葡萄酒庄。由于酒庄比较小，即可在自家特定的土壤、一致的坡向、海拔高度、小气候下种植最适宜的品种，生产出一致质量的原料。因此，一个地区的酒庄可以有千万家，但各家的葡萄酒即便品种一样，风味、风格也是千差万别。中国是一个多山的国家，"十里不同天"、"一里不同地"司空见惯。一个大酒厂从千家万户收购葡萄，这种"大锅饭"葡萄酒可以有区域特色，但很难实现地块特色。

（3）小而精　众所周知，葡萄酒质量七分在原料，三分在工艺。酒庄小，原料质量可以自己调控，品种与原料特色、酿制工艺特色容易体现，同一品牌的葡萄酒质量易得到保证。近几十年中国葡萄酒发展出现几次大起大落，垮掉的葡萄酒厂多数是千吨或数千吨的厂家。一些知名大厂以其长期形成的品牌优势、宣传优势、注重原料质量及工艺设备优势，占据着市场的大部分份额。由于税收偏高等因素，这类葡萄酒通常价位较高，"公款消费"和"白领消费"是其重要支撑点，但也局限了葡萄酒的消费市场。这是中国葡萄酒产量较长时间徘徊在 20 万～30 万吨的原因之一。俗话说，"船小好调头"。农民家庭小酒庄，以自种葡萄的采后减损增值为目标，市场以周边为主，价格调控方便，盈利空间可大可小。以"小而精"形成自己的特色。但要防止"形象工程"和"做大做强"的误导。农民家庭葡萄酒庄，应以不断提高原料质量与特色，提高工艺、设备的科技含量为目标，实现葡萄酒的特色化、多样化，走"高科技、小规模、大群体、大基地"之路。

(4) 美酒、美食、美景"三美"结合　中国农民家庭酒庄也应像欧美的葡萄酒庄一样，卫生要好，酒庄要建成各具特色的园林美景，并以当地乡土特色菜与美酒相匹配来吸引游客光临。当城里人享受了更多的现代化之后，回归自然的乡村游，则成为城里人的新需求。"三美"结合的农民家庭酒庄，则是农村发展二、三产业的好项目。

(5) 有利于葡萄酒文化的普及　在中国知道适量饮用葡萄酒有利于健康的人不少，但喝不起的人多；知道喝红葡萄酒比其他酒类更有利于健康的人不少，但在各种酒中，不习惯干红葡萄酒中的酸涩味的人多。当人们走进河北省耿氏葡萄酒堡、上海市奉贤玉穗葡萄酒坊，自己动手学做手工酿制葡萄酒后，便可揭掉酿制葡萄酒的神秘面纱。原来用高质量的葡萄破碎再加上一定比例的酵母便可发酵出葡萄酒来。葡萄酒里的酒精是由葡萄汁里的糖转化来的，葡萄酒里的红色素是葡萄皮中浸提出来的，它的微涩味主要来自于种子和果皮，是抵抗人体过氧化、衰老的多酚类物质。人们有了正确的认识，才能有饮用的自觉性。当你饮葡萄酒时，又能与相应菜肴相匹配，慢慢地你便可体味到各类葡萄酒风味的美妙之处。

河北昌黎耿学刚的葡萄酒庄虽然很小，但葡萄酒却很好。这是因为他的原料来自著名的碣石山多石少土的山上，来自几乎没有灌溉条件、靠天然降水的"雨养葡萄"。这种旱地葡萄，穗小、粒小些，但加工品质好于平原区水浇地葡萄。红葡萄酒的红色来自发酵时从果皮中浸泡出来的色泽，葡萄酒的风味也与果皮及靠近果皮的果肉关系最为密切。无论是在欧洲还是在美洲，好的葡萄酒常常就产在这样的干旱地方。

中国只有1.2亿公顷的耕地，但却有3.3亿公顷的荒山、沙滩地，利用不宜种粮。棉、油等浅根作物的多石少土的荒山、荒坡，多沙多石少土的荒滩、沙滩来种植果树，特别是种植加工用的葡萄等水果，无疑是合理利用国土资源、水资源、光资源，致富山区、致富农民的好项目。我们应当清楚，发展葡萄酒和果酒业对解决我国粮食安全、资源节省、生态环境友好、改善饮食结构；对提高人民生活质量、发展农村经济、致富农民，特别是对山区的脱贫致富与西部大开发，实现社会和谐发展都具有重要意义。这也是本书极力倡导发展微型冷库、农民家庭小酒庄（也可称为微型酒厂）的原因所在。

第二章　市场与竞争力分析

　　长期以来，我国园艺产业，特别是果树产业的发展带有较大的盲目性，其核心问题就是我们对社会主义市场经济的生疏。我们通常是以某时段、某地区的某些果树或品种的一时高价位就盲目地发展，并未对国内外及周边市场情况，市场竞争的比较优势、比较效益进行全面分析。结果是，"种了砍"、"砍了再种"。20世纪80年代，在我国北方地区出现的山楂热和随后的大砍山楂，桃热和砍桃风；进入90年代的苹果热和在陕、甘等省份出现"苹果卖不上土豆价"，使苹果面积仅近5年就减少了约1 000万亩*；葡萄上也出现过"巨峰、巨峰群品种热"、"红地球品种热"、"加工品种——赤霞珠热"等等。随后也同样出现过"砍风"。一般的规律是见到某个树种，特别是品种的果实在市场上销售价格高，就不管本地是否符合种植条件，政府便号召农民种植。随着市场上某品种数量增多，出现"供大于求"，这时地方政府和种植户才开始考虑产后贮藏或加工。一些非适宜产区和技术较差、重产轻质、管理粗放的农户在无比较优势和比较效益情况下，开始出现"砍风"。果树需种植多年才能结果，市场信息与从种植到结果之间有一段"滞后期"。我们到农村常会看到刚种下的果树尚未结果或大量结果，农

---

　　*　亩为非法定计量单位，1亩＝667米²。

民就跟风砍掉的例子。这就是我们在市场经济条件下，缺乏全面的市场观念，未能扭转我们思维方式的后果，即从种到收、从产前到产后再到市场的正确思维方式。要抓市场首先要转变思维观念，变"正向思维方式"为"逆向思维方式"：①从市场分析入手，全面调研，确定哪些园艺产品有市场竞争优势。②分析国内外市场的质量标准（包括安全标准）、包装标准。③确定用什么形式承接这些产品，即贮藏、运输、加工形式，并做好设施、设备的准备工作。④一旦产出产品，就要考虑能"贮得进，运得出，加工得了"，并以贮运加工的质量与安全要求，确定和选择优势产区及优势地块。⑤按市场对产品质量与安全的需求选择品种和建园，制定标准化的栽培技术，这样我们才能实现树种、品种、栽培与产后贮藏、运输、加工、销售的接轨。

我们通常把从市场到产后贮、运、加再到产中、产前的区划、品种、栽培的思维方式称为"逆向思维"方式。这也是笔者把市场与竞争力分析这一章节放在前头的原因所在。

一、鲜食葡萄市场分析

1. 世界鲜食葡萄生产与贸易 世界葡萄栽培一直以酿酒为主体，鲜食葡萄约占葡萄总产量 15％；从 20 世纪 90 年代，美国康涅狄格大学发表关于鲜食葡萄具有与红葡萄酒相当的保健功能以来，鲜食葡萄生产与销售日益受到世界各国的重视。另一方面，鲜食葡萄较之苹果、梨、柑橘等水果不耐贮运，在我国南方被称为"短脚水果"，即不宜用于远途运销，这也是障碍鲜食葡萄产业发展的因素。但近 10 年来，葡萄贮运保鲜技术的进步，保鲜包装、保鲜材料及贮运设施、设备的发展，为鲜食葡萄的较长期贮藏和长距离运销创造了条件。因此，近年来，全世界鲜食葡萄的消费量逐年增加，总产量达 1 000 万吨左右。1999 年，全球鲜食葡萄的贸易量已达 409.35 万吨，其中进口贸易量为 190.18 万吨，出口贸易量为 219.17 万吨，其出口量最大的是意大利（155万吨），其次是智利（48.11 万吨）、德国（34.94 万吨）、英国（15.35 万吨）。近年来，世界鲜食葡萄贸易量逐年增加，不仅欧美各国进口量增加，俄罗斯、日本、韩国、东南亚各国以及我国鲜食葡萄消费量和进口量也在不断增加。2003年，世界葡萄进出口贸易总量达 591.27 万吨，较 1999 年增加了 181.92 万吨（表 2-1）。同时，鲜食葡萄贮运保鲜及流通量的增加也拉动了世界鲜食葡萄产业的发展，2003 年世界鲜食葡萄总产已达 162.5 万吨，占同年世界葡萄总产的25.9%，较 20 世纪 80～90 年代提升了 10 个百分点。

表 2-1　世界葡萄进出口及主要进出口国（2003）

出口情况				进口情况		
排序	国家和地区	出口量（万吨）	价值（亿美元）	排序	国家和地区	进口量（万吨）	价值（亿美元）
	世　界	311.8	31.35		世　界	279.5	36.87
1	智　利	88.8	7.08	1	美　国	48.2	8.34
2	意大利	51.3	5.32	2	德　国	32.3	4.25
3	美　国	36.6	5.15	3	英　国	20.2	3.73
4	墨西哥	16.7	1.48	4	荷　兰	18.6	2.99
5	荷　兰	12.9	2.25	5	加拿大	16.7	2.35
6	西班牙	12.3	1.45	6	俄罗斯	15.4	0.80
7	土耳其	9.9	0.51	7	法　国	15.4	1.73
8	希　腊	6.9	0.94	8	比利时	9.6	1.50
9	中国香港特别行政区	6.2	0.43	9	中国香港特别行政区	8.8	1.32
10	比利时	6.1	1.1	10	墨西哥	8.4	0.94
13	中　国	1.4	0.06	11	中　国	7.1	0.59

2003 年，智利鲜食葡萄出口量已跃居世界第一，包括中国在内的发展中国家出口提升速度加快，但出口价格普遍偏低，部分国家和地区如荷兰、比利时、中国香港，发挥港口优势，除少量本国或本地区消费，大部做转口贸易，赚流通的钱。

上述情况反映出如下趋势：

（1）随着世界人民生活水平的提高，鲜食葡萄营养保健功能的逐步被认知，鲜食葡萄世界贸易量还在快速增长中。

（2）智利等发展中国家，发挥劳力资源优势，将逐步成为主要的鲜食葡萄出口国。预计中国在未来 10 年，有望走进出口国的前列。

（3）发达国家进出口量与价值比，普遍高于发展中国家。反映出包括中国在内的发展中国家要将本国产的葡萄走向世界，在葡萄质量、安全、包装、保鲜等方面还有潜势可挖。

2. 我国鲜食葡萄市场 我国鲜食葡萄 2002 年总产量约 380 万吨，开始成为世界鲜食葡萄第一生产国，其中绝大部分供国内消费，出口量很少。2002 年海关口岸统计，出口量只有 752 吨。自 20 世纪 80 年代以来，年出口量呈逐年下降趋势，进口量呈上升趋势。1992 年进口量为 1.5 万吨，到 2001 年进口增至 6.5 万吨，如果加上中国香港、澳门特别行政区、东南亚国家转口进入中国内地市场的鲜食葡萄，进口总量估计要成倍增加。这种情况的出现，反映出我国人民生活水平的提高，对高质量、安全性好的葡萄需求增加。

近几年，我国鲜食葡萄生产又有较大幅度增长。2004 年鲜食葡萄产量估计将突破 450 万吨。虽然我国是世界鲜食葡萄最大生产国，但由于人口基数大，鲜食葡萄人均占有量仅为 3.4 千克左右（2004 年），葡萄人均占有量约 4.6 千克，远低于世界人均每年 11.5 千克的消费水平，也低于发展中国家人均 7 千克的水平。我国鲜食葡萄主要集中在西北和环渤海湾各省（直辖市），由于贮藏运输保鲜能力的限制，"季产季销"和"地产地销"成为市场的主流，这是造成市场时空分布不均的主要原因。由于我国东部，特别是南方地区夏季降雨较多，病害较重，尽管通过遮雨设施栽培可以减少打药次数和解决葡萄食用安全问题，但投入成本要相对高些。所以我国西部干旱、半干旱优势葡萄产区的欧洲种优质鲜食葡萄有大量向东部流通的潜势，它将随贮运保鲜技术的提高，贮运设施、设备的增加而加速流通速度，特别是流向鲜食葡萄生产量偏少的长江流域及以南的 13 个省（直辖市）及东北黑龙江、吉林等省。环渤海湾地区的河北、辽宁、山东、京、津等 5 省、直辖市是我国第二大优势葡萄生产区域。由于交通便利，鲜食葡萄市场流通较通畅，巨峰等鲜食葡萄贮藏保鲜开展得早，并已有相当规模，对调剂我国南北方市场正在发挥重要作用。如辽宁省北部产区冬贮葡萄主要流向是东北黑龙江、吉林省；辽南的葡萄则经过海路从大连进入山东再转进入江苏、上海、浙江、福建等省、直辖市；辽西的冬贮葡萄经沈京高速进入北京、河北、河南及华中、华南市场。总之，加速鲜食葡萄国内市场流通主要有三个关键点：一是生产的鲜食葡萄质量要不断提高，尽快赶上同品种国际市场流行的质量标准，在食品安全上达到无公害食品标准，并努力向绿色食品、有机食品标准靠拢；二是逐步并加快解决鲜食葡萄贮运保鲜设施、设备不足问题，解决包装标准化问题；三是建设好具有低温制冷存放场所的批发市场和从采收后到消费者餐桌的全程低温物流体系，建设好市场网络和流通产销组织。

3. 市场发展预测 根据国家制定的"我国食物、食品长期发展战略"估计，今后 10～20 年内，我国人均果品消费量将以每年 5％～6％的速度逐步增长。目前，我国餐桌饮食整体结构中，水果量刚刚进入营养的必需食品，水果仍然是后继性食品。随着人们生活水平的提高，营养与健康意识的增强，新鲜水果必将像蔬菜一样提升为餐桌营养必需食品。鲜食葡萄用量将会成倍增长，即我国葡萄总产量将达到800 万～900 万吨，鲜食葡萄达 600 万吨左右。

尽管我国鲜食葡萄生产的非适宜区会通过设施栽培实现设施减灾、免灾，如遮雨栽培在多雨区主要是减少病虫灾害；设施日光大棚等将使葡萄向高寒山区和高纬度地区发展，并能促进葡萄提早成熟或延迟成熟期，起到防沙尘暴、防雹、防霜冻等作用；设施栽培还会对都市型农业发展、对解决当地鲜食葡萄供应发挥一定作用，但主体部分将会主要依托西北、环渤海优势葡萄产区的供应。如 2005 年 10 月下旬，新疆木纳格葡萄、无核白葡萄进入上海市零售市场的价格为 10～12 元/千克；辽宁、河北的巨峰葡萄进入上海市零售市场价格为 6～8 元/千克；天津市汉沽区冬贮玫瑰香葡萄在京津市场 11 月份的价格为 8 元/千克。

预计下述鲜食葡萄更受市场欢迎：

（1）世界型的葡萄品种，并能达到世界市场流通标准的红地球、意大利及果粒较大的无核品种——克瑞森无核、优无核、森田尼无核、火焰无核等。

（2）地方名种或特异性葡萄受欢迎，如新疆的木纳格葡萄、无核白葡萄，河北张家口牛奶葡萄、天津塘沽玫瑰香葡萄、湖南遮雨栽培的美人指葡萄等。

（3）无公害食品、绿色食品，特别是有机食品认证的葡萄。如辽宁省铁岭市清河王文选牌的有机食品认证的巨峰葡萄。近几年价格始终在 6～12 元/千克，并有价格上涨趋势；同样，凡果穗套袋并带袋销售，果面无药斑，打药量自然较少，消费者吃这种葡萄有一种安全感，通常售价较高。

（4）西部干旱、半干旱地区的鲜食葡萄受市场欢迎。这主要是西部降雨少，葡萄不打药或用药很少；光照足的葡萄含糖高，口感好。

（5）包装质量较好的葡萄：如单果包装、单层包装箱包装的葡萄能保证果粉完整，磨碰伤少，果穗大小整齐、果粒整齐。

在国际贸易上，世界鲜食葡萄贸易量正逐年增长。近几年，我国鲜食葡萄出口已从低谷走出。2003 年已达 3 万吨，2004 年达 5 万吨，出口猛增的主要原因是红地球等世界型品种的引进推动了优质栽培技术的推广，如控产、整穗、套袋等，使红地球葡萄质量有明显提高。在走向世界鲜食葡萄市场时，不存在各国消费者对品种的认可问题，从而缩短了对国际市场的培育过程。另一原因是我国包括葡萄在内的水果出口的陆路口岸已成为现阶段的主流。随着中国与周边国家关系的改善，中国与中国西部的邻国——中亚各国及上海合作组织的各成员国之间，中国与东南亚、南亚各国之间，中国与东北亚韩国、朝鲜陆路贸易成为水果出口的最近通道。据我们对 2003 年秋新疆伊犁哈萨克自治州的调查，经本州霍尔果斯口岸出口到邻国——哈萨克斯坦共和国的红地球葡萄就达 1.5 万吨，部分优质红地球葡萄经哈萨克斯坦转口至中东欧国家。新疆是我国第一大葡萄产区，生长季很少用农药，相当一部分地区不用打农药。随着欧亚大陆桥的连通，中国与中亚自由贸易区的建立，新疆等中国西部地区的鲜食葡萄产业将在陆路出口的拉动下，出现品种更新、质量提高的新局面。

除新疆与中亚间的陆路口岸，内蒙古自治区与蒙古、俄罗斯的口岸，黑龙江省与俄罗斯的口岸，吉林、辽宁与朝鲜的口岸及广西、云南与东南亚的口岸都有鲜食葡萄出口。据国外专家预测，未来5年东南亚鲜食葡萄市场将主要被中国占领。中国—东南亚水果贸易的零关税，为我们吃到热带水果创造了条件，也为东南亚各国吃到温带水果创造了条件。

从美国的鲜食葡萄进出口情况可以看出，美国既是重要的出口国，又是第一进口国。由于世界各地气候差异，世界上任何时间几乎都可有葡萄成熟；由于种群、品种之差异，使我们能吃到各种各样的美味葡萄。这些都反映出，鲜食葡萄产业的全球化正在向我们走来。中国是一个地域广大、多山、多沙滩的国家。西部充沛的阳光、地域广阔及山区环境造就了多样的气候，为我国鲜食葡萄产业的发展和走向世界奠定了良好的条件。中国既是鲜食葡萄第一生产大国，又是鲜食葡萄第一生产强国，第一出口大国的时日将为期不远。

二、葡萄酒市场分析

1. 世界葡萄酒生产与消费 葡萄酒是世界性的低酒精度饮料。由于葡萄酒的保健功能愈来愈被人们所认识，葡萄酒产业在国民经济中的地位也愈来愈被人们所认识。葡萄酒产业在国民经济中的地位也愈来愈重要。全世界葡萄酒平均年产量3 000多万吨，葡萄酒生产和与之配套的其他的产业，为世界近4 000万人提供了生存条件。

科学的发展揭开了法国既是相对脂肪高摄入，又是心血管病低发区的"法国怪现象"之谜。那是因为法国人在酒精饮料中，以饮葡萄酒为主，特别是干红葡萄酒中的大量多酚物质，使人们更趋向饮用干红葡萄酒，更倾向于饮酒的健康保健，而不是单纯的追求饮葡萄酒的高雅与浪漫，从而使葡萄酒生产和消费出现了如下新趋势：

(1) 从20世纪80年代开始，全世界葡萄酒生产和消费在经过一个时期的低谷阶段后又进入一个新的发展阶段，从1990年到2001年10年间，葡萄酒生产量与消费量都在逐年增长，并出现消费量增幅加大的趋势。葡萄酒的进出口贸易量在1997—2001年的5年间增长了12.7%，达到637万吨。2002年全球葡萄酒消费额超过1 000亿欧元。目前，葡萄酒的贸易还在以年增长14.9%的速度继续上升。

(2) "葡萄酒新世界"正在迅速发展。以美国、智利、阿根廷、澳大利亚、南非等国家为代表的葡萄酒产业正在迅速发展，被一些专家称为"葡萄酒新世界"。它充分反映出葡萄酒与葡萄酒文化正在走向全球化。

(3) 当"葡萄酒新世界"的有关国家正以灵活的战略将葡萄酒向世界各地输出时，以法国、意大利、西班牙为代表的"老欧洲"或被称为"葡萄酒旧世界"的西欧国家的葡萄酒仍未走出低谷。"供大于求"、"葡萄酒过剩"仍然在困扰着这些国家。欧洲不少国家有着极适合葡萄酒原料生产的生态环境及严格而规范的传统酒庄的设备、工艺，造就了欧洲多数葡萄酒的高质量。当欧洲葡萄酒从"高价位"的绅士"风度"中走出来时，它会对世界葡萄酒市场，特别是像中国这样刚兴起的葡萄酒市场产生巨大的冲击。目前，我国每年都在进口数万吨的原葡萄酒，其中有"葡萄酒新世界"国家的原葡萄酒，也有欧洲的原葡萄酒。但它也从另一方面激励我国各大葡萄酒厂，在重视葡萄酒设备的同时，必须高度重视葡萄酒原料的生产。中国葡萄酒原料生产的西移倾向，注意控制产量和重视地理（地块）区域化，反映出各大葡萄酒厂对葡萄酒质量的关注。

（4）"葡萄酒新世界"的国家在充分吸纳欧洲传统葡萄酒庄发展之路的同时，也建立了一些大规模的现代化大酒厂，如美国加利福尼亚州盖洛葡萄酒厂，2001年的葡萄酒年产量达70余万吨，相当于同年中国葡萄酒产量的2倍。规模化、现代化葡萄酒与酒庄葡萄酒结合之路，对中国等发展中国家葡萄酒产业发展将起重要的榜样作用。

2. 我国葡萄酒市场 我国葡萄酒有十分悠久的历史，可以追溯到2 000年前，甚至3 000年前。但由于种种原因，在漫长的发展过程中，我国葡萄酒生产和消费一直处于很低的水平。新中国成立初的1950年，葡萄酒总产量仅有84.3吨。新中国成立以后葡萄酒业得到发展，1978年我国葡萄酒（以干葡萄酒计）总产量达6.4万吨。改革开放后，我国葡萄酒产业得到快速发展，2004年葡萄酒总产量（以干葡萄酒计）达到34万吨。

随着我国改革开放的深入发展和人民生活水平的提高及健康意识的增强，葡萄酒的消费量将日益增加。根据统计资料，1978年我国人均年葡萄酒消费量为0.1升，到1994年增加到0.2升，到2002年已达到0.3升。近10年来，我国葡萄酒的消费量以年增长6%～8%的速度不断增加。据估计，到2006年葡萄酒人均消费量可能达到0.5升。根据我国葡萄酒工业发展规划，2010年全国葡萄酒总产量将达到80万吨，年人均消费量将提升到近0.8升。

3. 市场发展预测　随着我国人民生活水平的提高和全民保健意识的增强，葡萄酒的消费量肯定会稳步增长。目前，我国人均每年葡萄酒消费量约 0.3 升，与世界平均水平（约 50 升）相比差距甚远。我国食品结构正在发生重大的变化。城乡各种肉类的消费平均已愈 50 千克，脂肪摄入量增长迅速。不论从健康角度，还是从饮食搭配角度，含糖量少、含酸偏多、被称为"佐餐葡萄酒"的干红葡萄酒、干白葡萄酒将得到大的发展。到 2010 年，酒葡萄原料种植面积将从 2003 年的 3 万公顷增加到 8 万公顷，到 2015 年再增加到 12 万公顷，相应的葡萄酒产量也将从 30 万吨分别增加到 80 万吨（2010 年）和 120 万吨（2015 年）。

4. 市场趋势预测

（1）目前，我国葡萄酒市场主体是在大中城市较高的消费层面。随着各种类型的葡萄酒庄的建设，葡萄酒庄与观光农业的结合，葡萄酒文化及酿酒技术的普及，农民及城市家庭自酿葡萄酒必将兴起，葡萄酒的消费将从高消费层面向中低层面发展，将从城市走向农村，并以更多的消费群体对葡萄酒的认识，反过来又促进了规模化、现代化大葡萄酒厂的发展。

（2）出于国内外葡萄酒市场的竞争压力，特别是葡萄酒关税下降，进口葡萄酒的冲击力将加大。各大葡萄酒厂在保证葡萄酒质量的前提下，将会增加面向不同消费者层面的各类葡萄酒，并向价格档次多样化方向发展，以推动葡萄酒消费市场的扩大。

（3）葡萄酒原料及葡萄酒产业在不断向我国西部地区转移的情况下，中国葡萄酒质量与安全性将有大幅度的提高。伴随着中国西部大开发，西部将出现葡萄酒产业发展高潮。

（4）葡萄酒庄将伴随都市型农业的发展，在各大中城市近郊得到发展，并以此拉动乡村旅游的发展。

（5）中国葡萄酒市场将长期以国内市场为主，但中国周边一些国家，普遍缺乏种植欧洲种酿酒葡萄的气候条件，如东南亚各国、东北亚各国。这些国家将为中国葡萄酒提供较大的市场空间。随着中国葡萄酒质量的提高以及中国在环境、资源方面的多样性，将造就出中国独特的各类葡萄酒，如葡萄酒与中国中草药的结合等，将有希望使中国葡萄酒走向欧美市场，特别是那里的亚裔消费群体。

中国是一个耕地资源、水资源十分缺乏的国家。在多石多沙少土的山区及西北荒漠区，只要适量改土，都有希望建成酒葡萄原料基地。葡萄在我国半干旱、半湿润地区可实行"雨养旱作"，在干旱地区也可实现生物节水（如选择耐旱砧木等）和农艺节水（如畦面覆盖、根系限域栽培等），酒葡萄原料生产便可率先走向资源节省型农业，并因此而得到大的发展。葡萄酒原料基地将以大量利用非耕地的土地资源为特点，逐步替代大量耗粮的烈性白酒、黄酒、啤酒，并有希望在不久的将来成为"葡萄酒新世界"的重要成员国。

三、葡萄干及其他葡萄加工产品市场分析

1. 葡萄干市场分析　葡萄干是人们很喜欢的加工品之一。每 100 克无核葡萄干可提供 1 275 千焦热，还有较多的维生素 B_1、维生素 B_2 等。医疗上已经证明，葡萄干有助于儿童发育，治疗热病及肾、肝疾病，近年又报道吃葡萄干对牙齿有保健作用。因此，制干葡萄的栽培和加工受到世界许多国家的重视。全世界葡萄干年产量在 100 万～120 万吨，

世界市场的贸易量 1998 年为 113.8 万吨，2002 年达 134.4
万吨。由于葡萄经加工制干后具有易保存的特点，使葡萄干
的进出口贸易量与产量之比明显大于鲜食葡萄和葡萄酒。当
然这也与葡萄干生产需要较干热的特殊的栽培条件有关。全
世界葡萄干主要生产国（2001 年数据）有美国（35.7 万
吨）、土耳其（31.9 万吨）、伊朗（9.5 万吨）、希腊（8.75
万吨）以及智利、南非、澳大利亚等。同时这些国家也是葡
萄干的主要出口国（表 2-2）。

表 2-2　世界葡萄干出口和进口情况（2002 年）

葡萄干出口			葡萄干进口		
国家	数量（万吨）	价值（亿美元）	国家	数量（万吨）	价值（亿美元）
土耳其	20.09	1.53	英　国	10.26	1.09
伊　朗	12.86	0.71	德　国	7.12	0.60
美　国	11.87	1.55	日　本	3.09	0.39
智　利	4.15	0.39	法　国	2.65	0.26
南　非	3.34	0.25	意大利	1.98	0.19
希　腊	2.76	0.33	美　国	1.51	0.13
阿根廷	1.68	0.12	墨西哥	1.13	0.11
澳大利亚	0.76	0.09	中　国	1.06	0.11
中　国	0.46	0.05			
世界总计	66.41	5.69	世界总计	68.04	6.07

※　据 F·A·O 资料归纳。

　　由于葡萄干加工多数要利用自然光热资源，并且要求制
干原料含有较高的糖度，故而限定了葡萄干生产区域必须在
夏秋高温干燥地区。从表 2-2 可见，从世界葡萄干生产国
中看到，发展中国家的每吨出口产值普遍低于 1 000 美元，
明显低于美国，反映出葡萄制干质量等方面与发达国家还有
差距。从进口国情况可见，大量进口葡萄干的国家几乎都是
发达国家，反映出随着生活水平的提高，葡萄干加工产业仍

有较大的市场潜势。

我国的葡萄干产区主要是新疆。至 2000 年，制干葡萄栽培面积达 2.4 万公顷，葡萄干产量达 10 万吨。在我国甘肃敦煌、内蒙古乌海也有少量制干葡萄产业，最高制干量达 1 万余吨。由于甘肃、内蒙古较新疆更靠近内地市场，无核白葡萄鲜销价格较制干高，近几年葡萄制干量有减少趋势。

新疆的葡萄干生产主体在吐鲁番，以无核白品种为主。主要是当地市场消费和运往国内东部市场。近年，通过新疆陆路口岸销往中亚等国的数量有所增长，2004 年仅吐鲁番地区就外销 1 万余吨。在和田等地则大量用和田红葡萄制成有籽葡萄干，主要用于自食和当地市场销售。

中国以新疆为主的葡萄干产业仍有较大的市场发展空间，加工与市场趋势如下：

（1）从世界葡萄干进出口贸易中可见（表 2-1、表 2-2），葡萄制干后的产值与鲜食葡萄经贮运保鲜走向世界市场的价格相近甚至低于鲜食葡萄的出口价。而每千克葡萄干则需约 4 千克左右的鲜食葡萄。因此，中国葡萄干应走自然干燥后，再进行后加工之路，如新疆中日鄯善葡萄开发公司，以先进设备、工艺生产的巧克力葡萄干、酸奶葡萄干等后加工产品，使葡萄干产值成倍增加。另外，自然晾晒的葡萄干的卫生情况、食用安全令人担忧，也须通过后加工的清洗、烘干、包装后销售才有市场空间。

（2）加工包装向精细化方面发展。改革开放前，新疆葡萄干都是以麻袋包装和散装销售为主，小塑料袋、纸盒、铝箔袋等精包装，更具市场潜势。

（3）加工后产品贮存在低温干燥的冷库里，以防陈化和病虫危害，既可减少加工后的产品损失，又可延长销售季节，扩大市场空间。

（4）增加花色品种。新疆维吾尔自治区农业科学院园艺研究所在北疆引进无核黑、美丽无核等品种制作黑葡萄干、红葡萄干、黄葡萄干、大粒葡萄干等，不仅扩大了市场，而且也扩大了葡萄干的生产产区。

2. 制汁、制罐等加工产品市场分析

（1）葡萄汁市场分析。葡萄汁是当前国际饮料发展的一个新热点，发展速度十分迅速。据联合国粮农组织（FAO）统计，近10年来世界果汁饮料产量以年增加2.9％的速度增长。1990年全球果汁产量7 200万吨，到2000年已增加到1亿吨，其中以葡萄汁、苹果汁增长速度最快。葡萄汁以营养丰富、保健价值较高备受消费者喜爱，成为全球果汁中的一个新的增长点。

据预测，葡萄汁市场的主体是发达国家，中东一些伊斯兰国家，由于对饮酒的一些限制也是葡萄汁的重要潜在市场。美国是葡萄汁的主要生产国和出口国。葡萄汁的加工原料以美洲种或欧美杂交种品种如康可、黑贝蒂等作原料，经加工后的风味比世界广泛栽培的欧洲种品种更受消费者欢迎。这些品种抗病、抗湿能力较强，适宜我国东部半湿润区、湿润区发展，在南方还可实现一年两收。但目前我国葡萄汁生产水平很低，至今仍缺乏专业化的葡萄汁生产基地，葡萄汁产量很低，一些大的饮料厂多从国外进口葡萄原汁进行分装。

从中国东部多山的土地资源状况来看，发展葡萄制汁产业有广阔前途。由于生活水平、饮食习惯的制约，目前发展供国内大量消费的葡萄汁尚有一定距离。但是，建立以出口为目标的葡萄汁生产基地，以出口拉动国内消费，促进葡萄汁产业发展是有潜力的。

(2) 制罐等加工产品市场分析。葡萄制罐与其他水果制罐业一样，曾是水果加工的重要产业。随着水果贮藏保鲜产业、设施果树产业、水果运输保鲜业的发展及南北半球水果的流通，使很多水果都做到了四季有鲜果。因此，葡萄制罐业通常多用于餐后食品。葡萄在制罐加工中，需经加热杀菌过程，营养的大量损失也是导致制罐产业受到局限的重要原因。

葡萄酒、葡萄汁在加工过程中都会产生大量残渣，如葡萄籽、葡萄皮等，过去都被当作废弃物，如今都成了宝贵的资源。功能食品产业的发展使葡萄籽油的提取、葡萄皮中各类多酚物质的提取、葡萄皮中色素物质的提取成为葡萄资源合理利用的新兴产业。葡萄籽油中含有丰富的不饱和脂肪酸，它与深海鱼油中的不饱和脂肪酸极相似，葡萄籽油已被公认为保健食品。同时，葡萄籽油中还含有大量多酚物质，对皮肤的保护功能已在"葡萄籽油洗浴"中得到应用。各类萃取技术为葡萄残渣利用提供了技术基础。以葡萄籽、皮为原料的功能食品产业前景广阔。

在我国农业观光游中，我们还可吃到经过淹泡加工的嫩葡萄叶、茎、卷须，科学研究发现，上述葡萄夏季修剪所废弃的嫩叶、嫩茎、卷须中同样含有大量的多酚类物质，不仅有营养和保健功能，而且与黄瓜、甜椒等混拌的凉菜有很好的适口性。

葡萄残渣资源的加工利用，不仅增加了葡萄产后产业的产值，而且还有利于环境的改善和减轻葡萄园因残枝嫩叶带菌、带虫引起的病虫危害。

第三章 葡萄栽培优势区

当我们全面地分析了葡萄产业概况及葡萄及其加工品的市场形势，并已勾画出以葡萄市场为龙头、以贮运保鲜或加工为支撑并以其葡萄质量等要求来决定葡萄品种与栽培技术时，我们首先要解决，并将决定我们的规划是否可行的关键点就是你种植的葡萄或选择的保鲜加工原料基地是否在葡萄的优势区范围。在优势区域种植，就说明这里的气候条件及土壤等自然环境条件适合所选择的葡萄种和品种，能够获得最佳鲜食品质或最佳加工品质的原料，并有较优势的社会条件为支撑，而不是人为的去克服很多自然条件所带来的难点。比如你选择的是欧洲种不抗病的红地球品种，用于走向鲜食葡萄市场，尽管它是世界名种，国内外市场潜势大，但你那里葡萄生长季雨水很多，病害严重，必须多次连续性的使用农药，这必然会加大生产成本，也会因为用农药太多造成葡萄农药残留超标，危害消费者的食用安全；但如果你所在的地方紧邻大中城市，有高消费群体，你可结合农业观光旅游、观光采摘，搞设施大棚遮雨栽培，虽然红地球葡萄生产成本高了，但有葡萄高价位的支撑。那么，后者便是社会条件的比较优势。因此，葡萄优势区主体是以大气候条件为主，以及对气候会产生影响的地势、地形、地貌条件、土壤及水资源状况等生态环境条件，以及交通、经济与技术、市场等社会条件的综合比较优势评价。

历史的经验值得注意。长期以来，我国在果树产业发展中，受"人定胜天"、"没条件，创造条件也要上"的负面影响，片面强调某些社会因素和自然条件，在人为的指令性计划下，搞"大干快上"，品种不对路，技术、物资及贮运加工跟不上，市场摸不清，导致我国葡萄业，特别是葡萄酒业的发展几度出现大起大落。如20世纪50年代末到80年代中期，以河南省中东部地区为主的黄河故道地区大面积发展保加利亚和前苏联酿酒葡萄品种，高峰时达1万～2万公顷。而今，这些产区上述品种葡萄已寥寥无几。农民的损失、酒厂的损失可想而知。严重的问题在于至今有一些企业、行政领导和栽培者仍然在盲目发展葡萄，停留在"有了好品种就能种出好葡萄"的怪圈里，如近些年在发展从美国引进的红地球及其他无核品种上，从法国引进的赤霞珠等红酒品种上，都不同程度的刮起了"红地球热风"和"红葡萄酒热风"。"重品种轻区划"、"重产量轻质量"仍然在困扰着我国葡萄产业的发展。本章特别强调大规模种植葡萄要顺其自然，重视优势产区的选择，要在本区选择有优势的葡萄种和品种，选择有优势的葡萄加工项目。只有具备葡萄产业发展的自然条件和社会条件的比较优势，才能有产业发展的比较效益。

一、鲜食葡萄与主要加工原料对环境的要求

要建成一定规模的葡萄商品基地，我们必须考虑和解决以下几方面问题：首先是根据当地气候、土壤条件，结合已知葡萄种、品种的生物学特征和市场对葡萄质量的要求选择适种适销的对路品种。因此，这里的关键是对当地气候条件的了解。我们可以通过改良土壤改变葡萄的土壤环境，但我

们改变不了大气候环境。

1. 温度 温度决定葡萄、枝条在当地能否成熟。葡萄生长发育的各物候期对温度的需求都有最低、最高和最适点。一般葡萄萌芽始于10℃以上，10℃以下时叶片开始变黄，逐渐脱落，越冬休眠。

（1）积温。葡萄从萌芽到成熟，不同成熟期的品种要求≥10℃以上活动积温有差异。对于加工品种，特别是酿酒品种，生长季积温对不同酒型是重要的指标。中国能生产欧亚种优质葡萄的产区主要集中在北方地区，多属大陆性气候。笔者在研究目前世界最流行的干红葡萄酒用品种生态区划气候指标时，对中国长城葡萄酿酒公司河北省怀来红酒用葡萄基地与世界著名的法国波尔多地区的气候、有效积温(≥10℃以上的日均温减去10℃所累积的温度）进行了比较（表3-1）。

表3-1 中国两个产区与法国干红酒名
产区气温及有效积温对比

（℃、有效积温：＞10℃以上积值）

月 份		地 区			
		法国波尔多	法国马赛	怀来蚕房营	平度大泽山镇
休眠期	11	8.5	9.4	1.0	7.5
	12	6.3	6.8	－6.2	0.4
	1	5.6	6.7	－8.2	－1.9
	2	6.5	7.8	－4.9	0.3
	3	9.0	9.0	2.4	6.2
月温总计		35.9	39.7	－15.9	12.5
月温平均		7.2	7.9	－3.8	2.5
生长期	4	11.9	12.4	11.2	12.9
	5	15.1	16.1	18.1	17.7
	6	18.3	19.0	22.1	21.8

月　份	地　区			
	法国波尔多	法国马赛	怀来蚕房营	平度大泽山镇
生长期　7	20.4	22.8	23.8	24.6
8	20.0	21.6	22.2	20.3
9	17.7	19.0	16.9	18.7
10	13.5	14.6	9.7	15.6
月温总计	117.5	125.5	124.0	131.6
月温平均	16.8	17.9	17.7	18.8
7、8、9月有效积温	953.0	1 026.4	1 013.0	1 032.9
8、9月有效积温	612.0	629.6	585.2	580.3
年均温	12.7	13.8	9.0	12.0
年有效积温	1 327	1 697.7	1 661.9	1 883.3

　　河北省怀来受大陆性气候影响，春季气温回升快，葡萄从萌芽到开花需40天左右，而法国波尔多地区受大西洋气候影响，早春气温回升慢，葡萄从萌芽到开花则需60天左右。早春快速升温有利于葡萄合理利用头年积累的贮藏营养。7～9月是北方地区浆果酸度达到最高值并开始下降，糖度开始增加并达到最高值，直至完全成熟的时期。这三个月的温度状况，对浆果品质、糖酸比值影响最大。两地的年有效积温总值，波尔多地区比怀来低300℃左右，这主要是波尔多地区春季和最热月（7月）气温偏低所致，但对浆果影响较大的7～9月三个月的有效积温值两地则比较相近（分别为935℃和1 013℃）。笔者认为，用7～9月三个月的有效积温值为衡量指标或以三个月的月平均值不超过22℃为简化的气候指标，作为选择干红葡萄酒用品种生产极限的主要气候指标，可能更有实际意义。近些年中国发展干红葡萄酒基地的实践表明，优质干红葡萄酒基地几乎都与7～9

月平均温度22℃靠近。需要指出，法国波尔多地区7月份气温较低，秋季气温下降平缓，对酿制风味协调的葡萄酒是有利的。中国北方多数地区受大陆性气候影响，浆果成熟期气温下降较快，对酿造风味协调的干红葡萄酒可能会有些影响。

由于加工用途的不同，对温度的要求也有很大的区别。杨承时等专家根据≥10℃活动积温（≥10℃日均温的年累积值）将新疆划分为4个葡萄栽培气候区，其中Ⅰ区：4 500～5 000℃，Ⅱ区：4 000～4 500℃，Ⅲ区：3 500～4 000℃，Ⅳ区：2 500～3 000℃。杨承时认为，处于Ⅰ区的吐鲁番等地区是葡萄制干的最佳区，Ⅱ区次之。实践证明，吐鲁番地区夏秋干热的气候，使这里的无核葡萄干、马奶葡萄干驰名中外，始终保持着全国葡萄干生产第一产区的美名。

需要指出，按活动积温值计算，甘肃兰州、宁夏银川、内蒙古包头、山西大同的年活动积温多在3 000～3 500℃，龙眼等极晚熟品种要求积温＞3 700℃，但在上述干旱、半干旱地区均能充分成熟，并成为优质鲜食、晚熟酒用品种的适宜产区。这类地区的共同特点是，浆果生长期特别是浆果成熟期，日均温及积温总值均不高，但由于日较差大，有利于葡萄糖分积累和上色，因此，北方日较差较大的少雨区有积温升值现象，在选择优势区域时应引起重视。

（2）最热月温度。对加工用葡萄这是需要重视的气候指标。优质佐餐葡萄酒用品种（干红葡萄酒、干白葡萄酒等），通常要求果实成熟时的含酸量在0.6%～0.9%，香槟葡萄酒（起泡葡萄酒）、白兰地酒用品种的果实成熟时的酸度要求更高些。一般要求最热月（7月份）月均气温＜24℃为宜。对于佐餐葡萄酒，也要求葡萄糖度在20～24度，既要求葡萄高糖又要相对高酸。最热月气候指标对选择佐餐葡萄酒、香槟类起泡葡萄酒、白兰地酒、制汁葡萄原料基地都是应认真看待的一项气候指标。

(3) 其他温度指标。冬季低温在$-18\sim-20℃$时，休眠期的欧洲种的枝条、芽开始受冻害，根系在$-4\sim-5℃$受冻，美洲种根系能忍受更低的温度。在我国北方地区冬季低温涉及埋土防寒问题，冬季绝对最低温度低于$-24℃$的地区最好使用抗寒砧木嫁接苗，同时这类地区还必须考虑葡萄生长期长短的问题。有些极晚熟品种，在生长期偏短的地区不要勉强发展，以免果实成熟不良。前些年，在非保护地设施栽培条件下，辽宁中北部地区露地种植红地球葡萄失败的教训值得注意。

早晚霜冻在各地时有发生。在早春气温回升较快的宁夏银川平原、新疆北疆、内蒙古乌海及呼包产区、甘肃河西走廊、山西晋北、河北省张家口产区、辽宁西部产区等都存在霜冻的危害，其中尤以晚霜和晚霜冻危害为重。1990年，宁夏永宁数百公顷龙眼葡萄因晚霜冻，将刚刚萌芽的嫩梢冻坏，造成当年颗粒无收。

一些欧洲种品种如红地球、乍娜、甲斐路、粉红葡萄、克瑞森无核等秋季枝条易"贪青"，易出现枝条成熟不良的现象，早霜冻常常导致枝条受冻和根干冻害。在品种区划时，这是需要考虑的气象因素之一。

2. 降水 降水是确定葡萄种及品种群选择的重要指标。降水与空气湿度、云雾一般呈正相关，与日照时数一般呈负相关，并对气温产生影响。

无论是鲜食还是用于酿酒，葡萄成熟期降雨偏多都是不利的。葡萄酒的品质与葡萄采收前1～2个月内的雨量呈负相关。生产优质酒用葡萄的浆果成熟期月降水宜少于 100 毫米，旬降水量宜少于 30 毫米，这也是世界著名葡萄酒产区的共同特点。

中国北方环渤海湾主要酒葡萄产区 7~8 月份月降水量大多超过 100 毫米。从天津中法王朝葡萄酿酒公司蓟县酿酒葡萄基地的葡萄成熟期的积温与降水分布来看，中熟或中晚熟品种正赶上雨季成熟，选择浆果在 9 月下至 10 月上旬成熟的晚熟、极晚熟酿酒葡萄品种，便可避开雨季成熟。同样，这也适用于长期贮藏的鲜食葡萄。对于制干葡萄，则要求成熟期和采后 1~2 个月时间几乎无雨。在自然晾干和晒制条件下，新疆吐鲁番、鄯善、若羌为优势葡萄制干产区，新疆和田、哈密、甘肃敦煌为一般葡萄制干产区。

我国可能生产优质欧洲种葡萄的地区多位于冬季需要埋土防寒的地区，多属干旱、半干旱或排水良好的半湿润区。黄河故道东部的苏北、鲁西南地区与新疆南疆地区，尽管积温等温度指标相近，同属"暖热地区"，但各自所栽品种以及栽培方式等，几乎无雷同之处。反映出我国发展欧洲优质鲜食葡萄、酿酒葡萄、制干葡萄基地的主要限制因素不是温度因素，而是降水。事实也是如此，葡萄生长期及成熟期雨水偏多，成为限制我国东部和南部发展优质欧洲种葡萄基地，特别是优质酒葡萄基地的主要限制因素。环渤海湾地区是我国主要葡萄产区，雨热同季常常引起葡萄病害大发生，也限制了某些抗病性较差的欧洲种品种的发展，如红地球、克瑞森无核、森田尼无核、乍娜等品种。黄土高原地区普遍降水量多在 500~600 毫米，但葡萄果实成熟期的 9 月份常出现阴雨天气，秋雨滞后是该地区鲜食葡萄长期冬贮的最大气候限制因子。

我国东部多数葡萄产区年降水量虽然不大，普遍与欧洲葡萄产区相似或少于欧洲葡萄产区，但年内降水分布不均，冬春季常干旱，降水多集中于夏秋季，这与欧美等许多优质酿酒葡萄产区属"夏干气候型"大不相同。我们在借鉴欧洲经验时，必须考虑中国的大陆性季风气候特点。

3. 日照　日照时数对葡萄生长和果实品质有重要影响。在我国新疆干旱地区，年日照时数高达 3 500 小时以上，而东部产区年日照时数多在 1 500～2 000 小时。加之，日夜温度的差异大，新疆单位土地面积光合作用产能比我国南方至少高 1 倍。新疆吐鲁番地区无核白葡萄产量在 2 900 千克/亩*，葡萄糖度仍能达到 19 度（2004 年），而南方湿润地区则须控制在 1 000 千克/亩以下，才能达到相同品质，这也是我们极力主张大力发展西部葡萄产业的重要根由。

4. 其他环境因素　在北方地区，冰雹、大风、沙暴，南方的梅雨、夏旱、台风等也是选择产区时应考虑的因素。

此外，地形、地势、地貌、土壤条件对鲜食葡萄品种的选择，对酒型、酒种的选择都有重要影响。

我国是个多山的国家，利用地形、地势对气候的影响来选择优势基地具有重要意义。如天津市王朝葡萄酒厂的干红葡萄酒基地，多选择在天津北部山区，因为天津蓟县平原地区 7 月份温度＞25℃，但在海拔 200～600 米的山区，7 月份温度要低 1～3℃，则符合酿制干红葡萄酒对最热月温度的要求。

山地的风光条件及砾质土壤，良好的排水条件，对环渤海湾等半湿润产区选择鲜食及酿酒葡萄基地也是十分有

＊ 亩为非法定计量单位，1 亩＝667 米²。

利的。

葡萄是一种对土壤条件适应性较强的树种,可以在各种性质的土壤如钙质土、微酸性土壤及轻盐碱土,亦可在各种类型的土壤如砾质、黏重土壤、壤土以至河沙地上栽培。但是,酿酒品种优良品质的表达,主要是与酒种及酒质有关性状的表达,则需特定的土壤条件。如酿制干红葡萄酒的品丽珠品种喜好钙质土,其酒质柔和,果香突出,在微酸性土壤上则风味趋淡,缺乏典型性。同为酿制干红葡萄酒的赤霞珠品种在微酸性土壤上则呈现更加突出的典型性。

此外,土层厚薄、土壤层次分布、地下水位、葡萄园周边是否有较大水面、是否临海等,都对品种选择、酒型选择等有一定影响。

二、我国葡萄栽培优势区

1. 最具发展潜势的西部优质葡萄产区 该区干旱、半干旱区为我国欧亚种葡萄品种优势葡萄产区。部分半湿润区宜种植抗病品种或欧美杂种。

该区是我国最古老的葡萄产区,新疆历来是我国最大的鲜食葡萄产区和葡萄干产区。在古代,商人经丝绸之路和黄河水路,将西亚和新疆的葡萄好品种传至甘肃、陕西、宁夏和内蒙古。甘肃武威古时称凉州,是丝绸之路必经之地,那里夏季雨水稀少、凉爽,很适合酿酒用葡萄生长。唐朝王翰的"葡萄美酒夜光杯,欲饮琵琶马上催",即指这里古代的葡萄酿酒已很兴盛。新疆无核白、马奶、木纳格,兰州大圆葡萄,宁夏大青葡萄,内蒙古托克托县葡萄都是全国著名的地方品种。西北葡萄产区以这些品种为核心,建立了多个各具栽培特色的鲜食葡萄产区。

20世纪，在全球干旱、半干旱地区以阳光为宝库出现了一种新型农业。钱学森（1984年）首次在中国提出阳光沙产概念，其目标就是利用植物光合作用，充分利用沙漠戈壁的太阳能，以多采光为其精髓，以少用水为发展之关键，以新技术、新材料（如薄膜覆盖、吸水材料应用、设施大棚等）来实现葡萄生产的高效益。改变了过去对西部"穷山恶水"的负面看得过多的老观念。而今，我们首先看到的是中国其他地区无可比拟的西北阳光充沛的最大自然优势。以色列以相当甘肃1/20的土地和不到20万的农业工人，创造了阳光沙漠农业，每年出口的农产品、加工品及农业相关产品达100余亿美元。

（1）新疆葡萄产区。位于黑海与里海之间的米诺被称为是欧亚种葡萄的原产地。新疆具备与欧亚种原产地相类似的夏季干燥气候条件。南北疆纬度跨度大及海拔高度差异大，欧亚种鲜食、制干、酿酒品种群在新疆都可以找到适宜生态区。新疆吐鲁番地区≥10℃的年活动积温4 500～5 000℃，和田、喀什等南疆地区4 000～4 500℃，生长期达200天左右，降水量<50毫米，日照时数3 800小时/年左右；北疆降水较多，除伊犁个别地区降水>500毫米，多数在150～300毫米，≥10℃年活动积温在3 000～4 000℃，由于温差大，多数晚熟种能成熟。在古代，新疆与西亚之间方便的陆路交通，促进了葡萄栽培业的发展，其历史可追溯到2 000多年前，甚至3 000年前。新疆天气晴朗，阳光充足，热量资源丰富，干旱少雨，葡萄栽培面积和产量一直位居全国之首。

据统计，1996年全区葡萄栽培面积为2.9万公顷，总产量达50.3万吨，分别占全国的19%和27%；到2002年，新疆葡萄面积近 8 万公顷，主产区是吐鲁番和南疆塔里木盆地的和田、阿克苏、喀什、阿图什地区。北疆的伊犁、昌吉地区，近年鲜食葡萄发展迅速，伊犁、博乐地区红地球栽培面积已逾 4 000 公顷。以北疆新天国际为代表的葡萄酿酒产业也得到蓬勃发展。

吐鲁番地区的葡萄闻名全国，也是新疆最大的葡萄产区，栽培面积占全区面积的 43%。以往，专用鲜食葡萄品种在吐鲁番地区的栽植较少。无核白、马奶既是制干品种又是鲜食葡萄主栽品种。近 10 余年，引进开发的品种有红葡萄、木纳格、喀什喀尔、秋马奶以及理查马特、粉红太妃、红地球、秋黑、瑞比尔等，其中多数为大粒耐贮运品种。近年，利用现代贮藏技术，贮藏无核白葡萄获得成功。微型节能冷库建设正在吐鲁番产区兴起。在酿酒方面，这里夏季干热，生长期长，宜发展甜型葡萄酒品种。

新疆第二大葡萄产区为和田地区，栽培面积占全区葡萄面积的 23%。此外，与和田地区气候条件、品种、栽培方式相似的南疆产区，还有喀什、阿克苏、阿图什等葡萄产区。该地区（含和田）栽培面积占全区的 50% 以上。

和田葡萄产区主栽品种是和田红葡萄，种植面积 7 000 公顷。当地利用冷凉的空房，挂藏和田红葡萄，成为独具特色的传统贮藏方式。该品种果粒着生紧凑，在室内挂吊时，仍可保持果梗缓慢失水，不必使用防腐保鲜剂，使其成为"干梗贮藏"法的适宜品种。

南疆的鲜食葡萄品种与吐鲁番地区的相似，尤以阿图什的木纳格品种驰名中外。该品种成熟期可延迟至 11 月上中旬，这有利于木纳格葡萄常温远途运输和冷藏车节能运输。优质木纳格葡萄已远销西亚、中国东部市场和香港、澳门特别行政区。该品种的栽培面积在南疆扩展迅速，仅阿图什地区栽培面积已达 1 000 余公顷。

南疆产区生长期长，夏季不像吐鲁番地区那样酷热，成为我国生产晚熟、极晚熟耐贮运鲜食葡萄的最佳产区之一。红地球、秋黑、圣诞玫瑰、意大利品种将逐步得到发展，并替代原有的不耐贮运品种。

北疆产区包括石河子、奎屯、乌苏、博乐、乌鲁木齐、昌吉、克拉玛依和伊犁地区。现有品种为喀什喀尔、香葡萄以及玫瑰香、粉红太妃、卡拉斯、巨峰和理查马特等。近年，先从昌吉继而在伊犁、博乐等地大量引种美国的红地球品种栽植面积已达 6 000 公顷以上。2005 年通过伊犁霍尔果斯口岸出口到哈萨克斯坦等国的红地球葡萄已达 2 万余吨。新疆紧靠中亚各国边界，向哈萨克斯坦等独联体国家运销耐贮运鲜食葡萄的贸易有广阔前景。近些年，新疆交通发展迅速，铁路、公路四通八达，冷藏运输业也得到迅速发展。1998 年用此方法运往内地的鲜食葡萄超过 10 万吨。我国南方地区及港澳行政区、东南亚果商纷至沓来，需求量显著增加，对新疆鲜食葡萄生产和保鲜运输发挥了巨大的市场拉动作用。随着交通条件的进一步改善，对阳光沙产农业认识的进一步增强，新疆的葡萄产业还将快速发展。

新疆葡萄鲜贮有悠久的历史，果农将采收后的葡萄在阴凉的房屋内挂藏，可使葡萄贮藏至翌春。这种"干梗贮藏"法在南疆得到广泛应用。近几年，伊犁、博乐、吐鲁番、哈密、呼图壁、喀什等地果农兴建微型节能冷库，使用国家农产品保鲜工程技术研究中心研制的保鲜药剂，贮藏红地球、无核白、巨峰等品种获得成功，实现了葡萄鲜贮业从传统工艺向现代工艺的转化，微型冷库建设热潮已在新疆兴起。北疆伊犁、博乐、乌鲁木齐、昌吉等地兴起的红地球葡萄贮藏对全疆产生很大的影响，对南疆的木纳格、无核白葡萄贮藏起到很大的推动作用。截至 2002 年，全疆葡萄贮量已达 2 万余吨。

新疆石河子、奎屯、伊犁等地，夏季温度不像吐鲁番等地那样酷热，且日较差较大，十分有利于葡萄糖酸的积累，可以生产出糖高但糖酸比较合适的干红或干白葡萄酒原料，这里成为新疆生产佐餐葡萄酒的最佳产区。新天国际葡萄酒厂的原料基地就选在这里。

新疆也是古老而传统葡萄酿酒的老产区，在新疆和田、喀什、阿克苏和吐鲁番地区，一种被维吾尔族人民称为"麦扎普"的混汁葡萄酒就是用和田红葡萄等地方品种手工酿制出来的。

（2）甘肃、内蒙古、宁夏产区。甘肃省在汉代已从新疆引进了欧洲种葡萄。但在漫长的历史进程中，甘肃的葡萄并未形成大规模的产业。快速的发展还是近 10 年的事，到 1997 年底，甘肃省葡萄栽培面积已达 2 000 公顷，2004 年达 5 000 公顷。

敦煌、安西、玉门、酒泉、肃南是甘肃省古老的葡萄产区，大多数葡萄园分布在海拔 1 400 米以下的沙漠绿洲上。武威及周边地区已成为甘肃省新型葡萄酒产区。莫高、皇台、苏武葡萄酒庄都已成为或正在建成万吨级葡萄酒厂。黑比诺、梅路辄、雷司令、霞多丽等中晚熟世界名酒原料品种在该区表现尤佳。在甘肃东部产区，包括张掖、武威等低海拔地区，近年理查马特、乍娜、森田尼无核等一批欧洲种早、中熟品种，栽培面积在扩大。在海拔 2 000 米以上的临泽等高寒山区，年均温只有 2℃，甘肃农业大学的科技人员充分利用藏族等少数民族地区冷源丰富、光照充沛的优势，发展日光温室栽培红地球葡萄，元旦前后成熟上市，售价高达15～20元/千克，种1亩日光温室葡萄便使藏民脱贫，受到藏族人民的广泛欢迎。

甘肃省东部黄河沿岸的兰州市、天水市、白银市等，经济基础雄厚，交通发达，气候干燥温暖，年均气温8～10℃，降水180～500毫米，除古老品种兰州大圆葡萄外，近年种植有巨峰、京超、理查马特、红地球等鲜食品种。葡萄鲜贮业主要集中在敦煌、兰州、武威等地，2002年鲜贮总量100万千克，发展前景看好。

内蒙古西部葡萄产区分布在乌海、包头市和呼和浩特市地区，年降水量300～500毫米，成熟季节雨水不多，大于10℃的年活动积温达3 000～3 500℃。现乌海市葡萄种植面积有1 000余公顷，包头和呼和浩特两市也有近1 000公顷。这三市的种植面积约占全自治区总计划发展面积6 000公顷的50%以上。乌海地区的主栽品种有龙眼、马奶、无核白、无核紫等，近年引进了红地球、理查马特、瑞比尔等品种，并计划引进赤霞珠等酿酒品种。包头市冬季温度低于乌海地区，主栽品种有巨峰，原有品种牛奶、龙眼的栽培面积约占30%左右；欧洲种、欧美杂种的早中熟品种有理查马特、京玉、京亚等正在逐步取代巨峰品种。呼和浩特地区以托克托县葡萄和巨峰为主栽品种，巨峰系中的中早熟品种如紫珍香、京亚、蜜汁等在该市有发展前景。在较高纬度的内蒙古西部葡萄产区，其地理特点是有山脉为屏障，如乌海地区北有阴山、西有贺兰山，挡住西北方向的寒流，呼、包两产区背靠大青山，背风向阳，这是西蒙特定葡萄产区的地理优势。内蒙古东部西辽河流域的赤峰、通辽地区，与内蒙古西部的温度、降水情况相近。在东部产区，葡萄栽培业受辽宁、吉林两省的影响较大，主栽品种以巨峰为主，其次是理查马特、潘诺尼亚，也种植部分山葡萄品种用于酿酒。内蒙古贮藏葡萄历史久远，早年就在包头、乌海有用自然通风窖的方法贮藏龙眼品种的习俗。近年在通辽、包头、乌海建起一批以微型库为主的现代冷库，主要贮藏巨峰、龙眼等品种，总贮量近100万千克。

按内蒙古地区的积温值衡量均不能种植极晚熟品种（≥10℃年活动积温＞3 700℃），但事实上，内蒙古多数产区种植的极晚熟龙眼品种可以充分成熟，主要是这里日夜温差大、光照充足使然。

宁夏葡萄种植区主要分布在石嘴山以南银川平原黄河灌溉区，年降雨量200毫米左右，葡萄成熟期雨水不多，以引黄灌溉解决葡萄园用水问题。该区号称"塞外江南"，≥10℃年活动积温达3 100～3 500℃，大部分地区冬季最低气温极端值低于－25℃。该区主要灾害天气是晚霜冻和沙尘暴。

以往，宁夏的交通不便，晚霜频繁危害，几乎没有大片的葡萄园。改革开放以来，抗寒性较强、易形成花芽的巨峰、黑奥林品种及欧洲种品种潘诺尼亚、森田尼无核、乍娜、理查马特等品种的引入，以及一系列避晚霜技术措施的推广，为宁夏葡萄产业的发展带来了新的生机。一批晚熟耐贮葡萄品种和无核品种：意大利、红地球、瑞必尔、红宝石等在宁夏青铜峡背风向阳坡地建立规模化葡萄生产基地。20世纪80年代以来，除在永宁等地推广多次熏硫法自然通风窖内贮藏龙眼葡萄外，近年，微型冷库已在宁夏兴建。以巨峰、红地球、龙眼为主要贮藏品种，总贮量达150万千克。

早在 20 世纪 80 年代，宁夏永宁就建起了葡萄酒厂，赤霞珠、蛇龙珠、品丽珠等一批世界著名的红酒品种种植在银川以南的几个市（县），表现出极好的原料品质。如赤霞珠采收时葡萄含糖量可达 22 度，但含酸量仍能达到 0.6% 或更高。我国东部著名的葡萄酒厂——王朝、张裕都在这里建立了酿酒葡萄基地。这里的葡萄酒原料基地正在迅速扩延之中。

甘肃、内蒙古、宁夏有种植葡萄的气候优势。降水不多，光照充足，利用黄河水灌溉，成为优质鲜食葡萄适宜产区之一。从地理位置看，这三个省（自治区）北接蒙古、俄罗斯更寒冷的地区，消费者对鲜食葡萄的需求市场空间较大。目前对外出口业务已开始运转，并受到各方面的广泛重视。该区发展鲜食葡萄产业要注意选择低海拔、热量充足的地区，并注意预防雹灾、风灾、沙尘暴、早晚霜冻及冬季低温的危害。

多年的经验证明，上述三个省（自治区）使用欧洲种自根苗种植极易出现冬季冻害，甚至出现全园被毁现象。因此，在冬季绝对最低温＜－25℃的地区应用抗寒砧嫁接苗。古云"天下黄河富宁夏"，说明位于黄河上游的甘肃、宁夏、内蒙古在引黄灌溉时，更应防止大水漫灌等耗水型种植方式。在葡萄种植中如何节水，防止水土流失、沙化、沙尘暴，则是上述三个省（自治区）共同面临的新课题。

（3）黄土高原葡萄产区。黄土高原产区包括陕西省及山西省，大部分属暖温带和中温带半湿润气候，少数属半干旱地区。山西清徐、陕西榆林是国内闻名的葡萄传统产区。本区纬度跨度较大，地势、地形复杂多样，各栽培种、品种群的葡萄品种都可种植。

陕西省葡萄栽培以鲜食为主,主要分布在西安霸桥、咸阳、宝鸡、渭南等交通便利的城郊,该省在调整树种结构过程中侧重晚熟耐贮鲜食品种的发展。这里9月份雨水偏多,恰值晚熟品种的成熟期,应注意选择海拔600～800米的旱塬上发展极晚熟品种如秋红、秋黑和红地球等,并实施果实套袋和延迟采收,以利于提高果实品质。2005年,咸阳、乾县、泾阳、蒲城、澄城等地采收的套袋红地球葡萄,其质量、色泽、风味与进口葡萄相似,现已远销我国南方市场和东南亚市场,这也进一步激发了陕西发展红地球葡萄的积极性。陕西省已拟定发展1万公顷极晚熟耐贮运品种的规划。但需指出,9月份雨水偏多,不利于长期贮藏,宜利用当地生长期长的优势,通过延迟采收来延长销售期。注意长途运输保鲜技术的引进与推广,并开展短期贮藏运销。

山西的葡萄古老产区在清徐、阳高、大同,栽培的品种有龙眼、牛奶、黑鸡心等品种。新发展的地区有太原市郊、榆次、太谷、长治、稷山、曲沃、晋城等地,以红地球、巨峰品种为主,此外还有欧洲种大粒品种乍娜、理查马特、粉红太妃、伊斯比沙、瑰宝等。由于龙眼等品种在晋中一带的成熟期接近早霜,果农在葡萄采收后一直有用传统吊挂或摊放在窖洞或地窖贮藏葡萄的习惯。近年,在太原、曲沃等地已采用冷库及保鲜剂等现代贮藏技术,贮藏鲜食巨峰获得成功,并正以较快的推广速度在晋中一带应用此项新技术。

在曲沃、临汾、稷山、长治地区,近年掀起了发展晚熟鲜食耐贮葡萄品种热。此地是山西省葡萄新区,≥10℃年活动积温达3 800℃,年降水量为500～700毫米。在发展欧洲种品种时,应推广果实套袋技术,以耐贮运品种红地球为主。在曲沃、稷山、长治地区已发展晚熟鲜食葡萄 5 000 余公顷，这里也存在秋雨偏多的问题，所以贮藏葡萄应严格按操作规程，控制贮期，兼顾运输保鲜与短期贮藏保鲜有机结合。

晋南临汾地区的曲沃、运城地区的稷山等县虽然是葡萄生产新区，由于重视晚熟耐贮品种的引进和新技术推广，已成为山西省最大鲜食葡萄生产区。近几年，该区积极发展鲜食葡萄贮运保鲜业，重视招商引资，努力把优质葡萄推向国内外市场，在河南、华中和华南地区其产品在市场上很受欢迎。

据估测，2002 年陕、晋两省以红地球、巨峰为主的鲜贮量约 300 万千克。

（4）西南云贵高原半干旱、半湿润葡萄产区。四川西部马尔康以南，雅江、小金、茂县、理县、巴塘等西部高原河谷地带以及云南省昆明以西的楚雄、大理及昆明南部的玉溪、曲靖和红河哈尼族彝族自治州等高原地区及贵州省西北部河谷一带半干旱、半湿润区属此葡萄产区。

本区气候有垂直分布特点，差异较大。个别地区雨水稍多，但属阵雨天气多，云雾少；少数地区年降水量仅 300～400 毫米，属半干旱区。在云贵川高原，可以为优良的欧洲种品种或欧美杂种品种寻找到生态适宜区。云南省是我国南方的老葡萄产区，原有栽培品种有玫瑰香、水晶、玫瑰蜜、白香蕉等。1980 年前，这些品种多为零星种植，总面积不到 100 公顷。受巨峰品种市场受宠的影响，葡萄生产开始大发展，1999 年总面积已达 2 600 公顷，以昆明和红河哈尼族彝族自治州最为集中，玉溪、曲靖也有种植。鲜食葡萄主要集中在弥勒坝。四川西部高海拔地区，近年在阿坝藏族羌族自治州、甘孜藏族自治州、攀西南地区发展鲜食葡萄，但川西葡萄发展面积不足 100 公顷。贵州省受东南季候风影响更大些，全省有葡萄面积 2 500 公顷，产量近万吨。

近年，云南蒙自、昆明，川西茂县等地修建了一批微型冷库，主要贮藏品种为红地球、利比尔、秋红，用于短期贮藏的品种还有乍娜。由于云南省红河地区春季干热，使乍娜品种的成熟期提前至雨季来临前的 5 月份，该地区被称为我国葡萄的"天然温室"。春熟果品经长途运输销往上海等市场，效益十分显著。

云贵川高原产区虽是鲜食葡萄发展新区，但有独特的自然条件，这里的葡萄品质优良，又因为附近有高温多雨、缺少优质鲜食葡萄的广大南方市场，其市场潜势大，鲜食葡萄销售价普遍高于全国平均水平。

以欧美杂种品种——玫瑰蜜为原料酿制的云南红葡萄酒，独具云贵高原特色，在云南及周边市场上占有较大的市场份额。四川茂县等川西山区，夏季冷凉、光照充足，生长期长，是生产干型葡萄酒原料的优势产区之一，葡萄小酒庄正在这里兴起。

2. 环渤海湾优势葡萄产区　该区主体属温带半湿润区，为欧美杂种品种优势葡萄产区，欧美杂交种以种植在山地、丘陵地为佳；部分半干旱区也适合欧洲种品种种植。

环渤海湾地区是我国著名的葡萄产区，包括河北省、山东省、辽宁省和京津两市。著名的葡萄产区有河北张家口的怀来、涿鹿、唐山、秦皇岛；山东烟台、青岛、沂源；辽宁北宁、盖州、沈阳、铁岭；北京通州、顺义、延庆；天津蓟县、汉沽等。

环渤海湾产区是目前国内最大的葡萄产区。栽培面积占全国葡萄总面积的 37.2％和总产量的 40％（1997 年）。河北、山东、辽宁三省的葡萄栽培面积和产量位居新疆之后，分别为第二、第三、第四葡萄栽培大省。在环渤海湾地区，巨峰是最广泛栽培的鲜食葡萄品种，占本区鲜食葡萄总面积的 60％～70％。环渤海湾是巨峰等欧美杂交种葡萄种植的优势产区。其他主栽鲜食品种还有玫瑰香，其优势区在天津汉沽等滨海盐碱地产区；龙眼、牛奶优势区在河北省张家口等半干旱地区，红地球葡萄在 1987 年最先从国外引进到辽宁省，1992 年张家口涿鹿县、怀来县开始较大面积的种植。近年，在山东省及河北省中东部地区有较大面积的发展。美国无核大粒或中粒型品种，最早引进的也是辽宁省（1987年），但发展较快的地区是山东胶东地区。此外，还有森田尼无核、火焰无核、红宝石无核以及近年引进的优无核、奇妙无核、皇家秋天、克瑞森无核等品种受到广泛欢迎。

改革开放以来，我国新引进的鲜食新品种，包括巨峰及巨峰群品种，美国加利福尼亚州晚熟大粒品种红地球、秋黑、瑞比尔、圣诞玫瑰和一系列大粒、中粒型无核品种等都是首先从环渤海湾各省、直辖市引进和开发起来的。其中从美国引进的欧洲种品种，正在向我国西北干旱、半干旱优势区迅速扩延。

环渤海湾产区也是我国规模最大的葡萄贮藏保鲜基地，使用冷库贮藏的葡萄总量约占全国总量的 70％左右，贮量大小依次是辽宁、河北、山东、天津、北京。贮藏的主栽品种是欧美杂种品种巨峰，其次是张家口地区的龙眼、天津汉沽的玫瑰香。

由于经济及海路交通的优势，中国现代葡萄酒产业从环渤海湾产区兴起。中国最著名的和最大的几家现代化葡萄酒厂均在该区，如山东的张裕、威龙、华东；河北省长城（张家口怀来沙城和昌黎华夏长城）、天津王朝、北京龙徽等，环渤海湾葡萄酒产量约占全国 70％以上。河北省怀来、涿鹿两大葡萄产区属半干旱地区，夏季气候凉爽，是我国东部干葡萄酒原料的优势产区。河北秦皇岛的山区，山东胶东半岛丘陵山区也是环渤海湾较具优势的葡萄酒原料生产区。由于环渤海湾地区属温带半湿润区，雨热同季及最热月温度多≥24℃，对欧洲种酿酒原料品种的病虫害防治及干型葡萄酒质量不是十分有利。该区葡萄酒原料品种基地发展有两个趋势，一是向降雨较少、夏季较凉爽、风光条件好的山区转移，平原产区有缩减趋势；二是在我国西部半干旱、干旱地区建立优质葡萄酒原料基地。东、西强强联合，优势互补格局正在形成中。

（1）辽宁葡萄产区。辽宁省的葡萄老产区是辽西北宁市，辽南的盖州、大连，主栽品种是龙眼、玫瑰香。本产区≥10℃的年活动积温为 3 200～3 700℃，年降水量约 500～700 毫米。由于巨峰品种有抗寒、抗病特性，因此在辽宁得以快速发展。到 1998 年，辽宁葡萄栽培面积达 31 470 公顷，巨峰品种约占 90％，其他品种有康太、京亚、夕阳红、紫珍香、巨玫瑰等。据辽宁省农业厅统计，2002 年辽宁省葡萄面积已达 68 000 公顷，产量为 78 万吨。

据 1998 年的统计数字，辽宁省最大的鲜食葡萄产区是在辽西锦州、葫芦岛和朝阳等地区，总面积约 12 000 公顷，其中锦州的北宁市葡萄栽培面积就已愈 9 000 公顷。北宁市葡萄的发展得益于与贮藏保鲜业的同步发展。早在 20 世纪80 年代中期，这里就开始推广自然通风窖，1995 年率先建立了 10 座微型冷库，随后又建起了由 500 座微型冷库组成的冷库一条街。目前，该市已有微型冷库近 2 000 座，加上其他中小型冷库，使巨峰葡萄冬贮量达 1 亿千克，约占全市总贮量的 50%。

北宁市葡萄贮藏业对推动辽南、辽北产区的生产发挥了重要作用，现营口、大连瓦房店，葡萄栽培面积达 5 000 余公顷，葡萄鲜贮量达 7 000 万千克，辽北沈阳、铁岭地区，栽培面积近 8 000 公顷，鲜贮量达 200 万千克。

辽宁省曾是著名的苹果、梨产区，但在品种更新换代过程中，其区域优势滞后于陕西、山东、河北省。在树种选择上，鲜食葡萄地位却得以上升，发挥鲜贮葡萄自然区域优势，推广抗寒砧及耐寒葡萄品种，将使辽宁省逐渐成为全国最大的巨峰葡萄产区和巨峰鲜贮基地，鲜食葡萄总贮量达 20 余万吨，占全国鲜食葡萄总贮量的 60% 以上。

辽宁省葡萄酒产业比较薄弱。在辽宁北部和东部山区，近年种植一些山葡萄品种用于酿酒；在辽宁西部朝阳等地区属半干旱区，夏季气温较低，比较适合种植干型葡萄酒原料，近年有少量世界著名欧洲种酿酒葡萄品种种植，并涌现出几家小的酿酒厂或小葡萄酒庄。

（2）河北葡萄产区。河北省传统葡萄产区在张家口和秦唐地区。张家口地区葡萄栽培面积达 17 000 公顷，占河北省葡萄总面积的一半，其主栽品种是龙眼，其次是牛奶品种。龙眼葡萄的主产区在桑洋盆地的涿鹿和怀来县。由于龙眼品种极晚熟、耐贮运，果农采用传统筐藏贮藏工艺已有数百年历史，20 世纪 80 年代初，这里兴起了自然通风窖和采用多次熏硫法贮藏龙眼，最高贮量可达 1 000 万千克以上。由于采收期已近霜期（10 月中旬），只需简易保鲜措施便可用普通汽车发往全国各地，重点是东北、内蒙古、华北一带。

改革开放以来，河北省葡萄除原有的张家口怀来、涿鹿和昌黎老产区进一步发展，又涌现出一批新产区。截至1998年，河北省葡萄面积已达31 540公顷。但是，张家口地区的栽培面积却由1990年占河北省的50%降为24%；唐山地区则从1990年的1 150公顷增加到1998年的6 150公顷，已占河北省葡萄面积的19.4%，成为河北省第二大葡萄产区，主产地是乐亭、遵化、丰润等县；其次是秦皇岛地区有5 180公顷，主产地是昌黎县；还有廊坊地区的3 640公顷，主产地永清县；过去葡萄种植面积不大的沧州地区、石家庄地区以及邯郸、承德、邢台、保定地区，葡萄生产也有了较快发展，栽培面积超过7 000公顷。本产区大于10℃的活动积温大多超过4 000℃，只有华北平原中部的保定、石家庄地区降水稍少，约500毫米，其他地区大多为600～700毫米，比较适合发展欧美杂种品种中的抗病性强及欧洲种中的极晚熟品种，它可在秋季少雨季节进入果实成熟期。

据1999年统计，河北省鲜食葡萄的主栽品种为巨峰、玫瑰香，而龙眼已从20世纪80年代的第一位降为第三位（表3-2）。龙眼品种主要在张家口产区种植，其次在唐山和秦皇岛山区现有零星栽培。在20世纪90年代以后，玫瑰香品种大发展，以其内在品质好、玫瑰香气浓郁受到众多追求风味品质的消费者所青睐，主产区是唐山、秦皇岛一带。巨峰品种则是新发展区的主栽品种。红地球等大粒晚熟鲜食耐贮品种最早在涿鹿县发展，以后发展较快的是秦皇岛、石家庄、保定地区。因为有些地区有较长的生长期和不多的降雨，为红地球品种的果实、枝条生长提供更优越的条件。据2000年统计，河北省主要葡萄贮藏产地在秦皇岛市，约有

800 万千克，其中红地球贮量约 100 万千克；其次是石家庄市贮量约 700 万千克，其中红地球贮量约 250 万千克；张家口地区仍以龙眼品种为主，其次是红地球、牛奶品种，总贮量约 1 000 万千克。

表 3-2　河北省主要鲜食葡萄品种栽培面积（1998 年）

品　种	栽培面积（公顷）	所占比例（%）
巨　峰	11 667	35
玫瑰香	8 333	25
龙　眼	6 667	20
其他品种	6 667	20

河北省特色品种龙眼，尽管近年发展缓慢，但仍有较强的市场优势，因为龙眼葡萄特别耐贮藏，即便在自然通风窖加保鲜防腐剂也可贮存到春节以后，贮后的果实外观诱人，贮至春节后售价高于巨峰，很受黑龙江等地市场的欢迎。这里红地球品种发展较快，贮藏技术也已过关，冬贮后主要面向南方市场，甚至销往中国香港、澳门特别行政区和东南亚市场。河北省的鲜食葡萄在京、津市场也占有重要地位。

（3）山东及津京葡萄产区。山东省葡萄主要在胶东半岛，烟台、蓬莱、威海、平度、青岛均是我国著名的葡萄产地。该地区海路交通发达，适于发展晚熟、极晚熟欧洲种优良鲜食品种，并可根据市场情况，建立适度规模的对外出口基地。

山东平度市大泽山是我国古老鲜食葡萄产区之一，早期栽培的品种是玫瑰香和龙眼。20 世纪 80 年代中期，开始发展巨峰、泽香、泽玉品种。巨峰很快成为山东省第一主栽品种，较强的抗病性使其由胶东半岛扩延到山东全省。在鲁西南高温和雨水偏多地区，种植与栽培者根据市场需求开发出巨峰品种一年二收技术。金乡、曲阜一带的果农采取压低一收果（主梢果），诱导二收果（冬芽或夏芽1～2次梢结果），获得了较好的经济效益。一收果产量是每亩800千克，在8月中上旬成熟，二收果的巨峰葡萄每亩产量1 000～1 500千克，在11月份成熟，错开了河北、辽宁的巨峰葡萄成熟期，形成了独特的市场优势。由于鲁西南二收果在生长后期，秋季基本上少雨、光照充足、日较差大，果实色泽艳丽，用于贮藏，其效果较一收果明显提高。现在以二收果为主的葡萄贮藏业正在鲁西南兴起。

山东推广红地球、秋黑等极晚熟大粒耐贮运品种，给全省鲜食葡萄产业带来新的机遇。看到山东海运优势和气候优势，新加坡、中国香港的一些果商计划在胶东半岛建立3 000公顷以上的红地球及大粒无核品种葡萄园，现已栽植数百公顷。这对以销售拉动贮运保鲜业和标准化栽培，将起到重要的推动作用。目前，胶东地区的葡萄鲜贮业已有较大发展，总贮量近1 000万千克。鲁西南地区的巨峰二次果贮藏已获成功，预计今后有较大发展。济南的平阴、淄博的沂源、枣庄地区兴起了红地球葡萄贮藏热，2002年总贮量约100万千克。在鲁西南，短期冬贮的瑞比尔品种，可通过口岸运到南非。届时，南非正值春末夏初季节，当地产的葡萄尚未进入成熟期，恰好利用了南北半球冬夏的时间差，因而有巨大的市场潜势。

天津、北京地区生长期热量充足，降水量在600毫米以上，多集中在6月下旬至8月上旬，到8月下旬至10月中旬降水量较少，秋高气爽，适宜发展晚熟、极晚熟品种。

津京地区鲜食葡萄产业的兴起在20世纪60年代前后。

北京西郊大面积兴建玫瑰香葡萄园，以双臂篱架自然扇形的规范管理带动了周边产区葡萄的发展。此后玫瑰香品种和相关栽培技术传到天津滨海盐碱地，栽培者结合盐碱地的土壤特征，形成了"深沟排碱、憋冬芽夏剪法、规则扇形"独特的管理模式。在 20 世纪 80 年代中期，北京地区的玫瑰香葡萄受到了巨峰品种的冲击。此后，北京延庆、通州、顺义、大兴开始大力发展晚熟耐贮品种和大粒无核品种，面积扩展较快，截至 2001 年，葡萄面积已达 4 000 公顷。目前以红地球品种为主的贮藏产业，在北京顺义、延庆、通州各区（县）刚刚开始，总贮量不到 100 万千克，基本上是供应北京市场，向外省、直辖市流通量较少。天津葡萄生产发展更加迅速。由于玫瑰香品种有较强的耐盐能力，在滨海盐碱地上生产的葡萄有特异的品质，使汉沽玫瑰香成了远近闻名的地方名优产品。目前，天津市葡萄总面积近 6 000 公顷。鲜食葡萄贮藏业主要集中在汉沽区，总贮量 1 000 万千克以上。天津在万公顷滨海葡萄带的推动下，形成了以欧洲种为主的葡萄产业，生机盎然，截至 2002 年，汉沽、宁河县的玫瑰香葡萄除供应天津外，也有部分供应北京及东北市场。近年来，由于积极扩大市场，现玫瑰香葡萄已进入南方市场和出口俄罗斯。

3. 我国葡萄非适宜区的设施栽培优势产地 我国黄河以南、特别是长江以南的大部分省、直辖市、自治区，属亚热带湿润区，生长季节高温多雨，即便露地种植抗病的欧美杂种巨峰等，为防治病虫危害，一年也需要打药近 20 次，黄河故道产区属暖温带半湿润或湿润区，年降水普遍在 700 毫米以上，雨热同季增加了这里在病虫害防治上的难度。上述产区通过设施遮雨栽培，规避生长季降雨多等不利的气象因素，充分利用南方热资源丰富的优势，发展一年二收葡萄产业，借助南方经济发展快及消费水平高的社会优势发展都市型设施葡萄及观光农业，使我国南方葡萄非适宜栽培区通过设施栽培变为比较效益高的优势产地成为可能。

另外，我国北方温热资源短缺的吉林、黑龙江、内蒙古及北方高寒山区，由于生长期短，被划为葡萄栽培次适宜区或非适宜区。这些地区利用冷资源丰富的优势，通过设施日光温室大棚栽培葡萄，发展设施延迟栽培，使极晚熟的葡萄在12月至翌年2月成熟。设施栽培使这些地区成为延迟采收的葡萄优势产地。

(1) 南方葡萄产区。南方葡萄产区指长江中下游流域以南亚热带、热带湿润区，包括上海、江苏、浙江、福建、台湾、江西、安徽、湖北、湖南、广东、广西、海南、四川、重庆、豫南、贵州和西藏部分地区。本区为美洲种和欧美杂种次适宜区或特殊栽培区，主产区集中在长江流域，总面积6万余公顷，占全国葡萄栽培总面积的20%左右，栽培面积依次为四川、江苏、湖北、台湾、浙江、安徽、湖南等。

本区虽不是鲜食葡萄适宜栽培区，但因对外开放、经济发展迅速，生活水平普遍较高的市场需求迫切。以江苏省镇江市按日本"早川模式"发展巨峰为例，认为只要加强技术研究和普及，本区是可以发展葡萄生产的。近年，上海市大力发展设施避雨栽培，结合都市型农业特点，将葡萄园变成了观光园，观光者亲自采摘经遮雨、套袋的优质安全的鲜食葡萄，其售价多在15～20元/千克。上海市奉贤区玉穗葡萄园还建立了消费者自酿自饮的葡萄酒庄，搞起了葡萄贮藏，使产业链得以延伸，变季节型观光园为全年观光园，经济效益、社会效益显著，上海市的做法为南方都市型葡萄园发展展现了广阔的前景。

本区现在栽培品种大多是美洲种或欧美杂交品种，表现较好的有巨峰、藤稔、京亚、吉丰18、黑奥林、白香蕉、吉香、日本无核红、玫瑰露、金香、尼加拉、康太、康拜尔等。由于采收期降雨较多、温度较高，收果后应及时销往市场，运输保鲜或短期贮藏保鲜最重要，应积极推广产期调节技术，使二收果在相对干燥的11～12月份成熟，用二收果进行长期贮藏，更能发挥本区比较优势。在遮雨栽培条件下，湖南种植欧洲种的美人指，上海种植森田尼无核、意大利、姆斯凯特等获得成功，都说明设施栽培在调节环境中的重要作用。

中国台湾省可以把巨峰葡萄二收果、三收果打入日本市场，泰国发展旱季生产的葡萄销往我国香港市场，都说明南方有其自身特有的地域优势、气候优势和市场优势，应予重视。

(2) 黄河故道葡萄产区。黄河故道葡萄主产区在河南省。早在1 000多年前，古都洛阳已有葡萄栽培，但高温多雨的气候条件限制了这个地区葡萄栽培的发展。河南有发展葡萄的地理优势，靠近相对短缺鲜食葡萄的广大南方市场，除供应当地市场外，现有相当数量的巨峰运往南方市场。截至1997年，黄河故道的葡萄栽培面积已达1.91万公顷。近年遮雨栽培及果实套袋技术广泛推广，极晚熟耐贮品种红地球等已在豫西地区落脚，并表现出较好的品质，生产前景看好。红地球品种的贮藏也已开始发展，靠地域优势和贮后增值，预计今后将有适量发展。目前，河南省葡萄全年贮量还不足 100 万千克。

除上述各区外，我国葡萄特殊栽培区，包括吉林、黑龙江两省，是欧美杂种次适区。由于该区气候冷凉、有效积温不足和生长期短，限制了葡萄生产栽培，只能栽培早、中熟品种。本区年均温小于 7℃，≥10℃ 活动积温小于 3 000℃，且多数地方冬季极端低温达 −30℃ 以下，需要重度埋土防寒，或实行保护地栽培。50 年前，除野生山葡萄外，在吉林省以北几乎没有葡萄栽培品种种植。20 世纪 70 年代末到 80 年代中后期，随着巨峰及一批中熟品种如甜峰、蜜汁、康太、紫珍香、早生高墨、京亚等欧美杂种大粒品种的引进，一批中小粒型品种逐步被淘汰，至 20 世纪 90 年代后期，本地区以巨峰为主的欧美杂交种品种的露地栽培面积已达 1 万余公顷。近年来，甜峰、蜜汁、京亚等一批中熟大粒巨峰系品种及森田尼无核等欧洲品种，正在吉林省逐步扩展。

20 世纪 70 年代中期，黑龙江齐齐哈尔葡萄试验站等对寒地保护地栽培研究工作取得进展，日光温室大棚的发展，使欧美杂种优良晚熟品种及欧洲种中的优良品种得以在我国东北地区寒地生产。近年来，黑龙江省发展日光大棚种植红地球葡萄，9 月下旬至 10 月上旬成熟，其时外界气温低，使采收、入库前有充分预冷，贮至春节前上市，果梗鲜绿，贮藏效果好，售价高。现两省保护地葡萄栽培面积约 1 000 公顷。

该区生产的葡萄除满足本地市场需求外，还可运销俄罗斯，对外出口潜势巨大。

吉林、黑龙江两省是我国山葡萄的原产地，该区为山葡萄种及其所选的品种、山欧杂种品种的优势产区，以山葡萄为主要酿酒原料的吉林通化葡萄酒厂等为生产山葡萄原汁葡萄酒做了大量的研究工作。以山葡萄为原料的农民自酿葡萄酒在东北农村正在兴起，山葡萄及其山欧杂种适合在中性偏酸性土壤上栽培，露地越冬时以具有覆雪的地区为佳。山葡萄种群将成为东北寒地最具有发展潜势的酿酒原料的优势产区。

第四章　葡萄运输保鲜

随着工业的进步与市场经济的发展，葡萄运输保鲜则成为葡萄保鲜的主体。葡萄采收后，无论以何种现代的保鲜技术进行运贮，它都将随时间推移而逐渐衰老，营养成分也在不断下降。在经济全球化的推动下，鲜食葡萄市场的全球化则是大趋势。以美国为例，它既是鲜食葡萄的重要生产国、出口国，又是鲜食葡萄最大的进口国。每年冬春季美国大量从南半球的智利等国进口刚刚采收的鲜食葡萄。随着我国葡萄栽培逐步向优势区的转移，鲜食葡萄参与国内外物流的小循环和大循环，而把产地的贮藏保鲜仅作为葡萄低温物流体系的一个环节，这是中国鲜食葡萄从自然经济向市场经济转变的必然结果。

近几年，我国葡萄运输保鲜产业的兴起与下列因素有关：

1. 中国交通运输业的快速发展　我国的公路、铁路里程数已居世界前列。特别是我国西部优势葡萄产区的运输条件的改善，对当地优质葡萄走出去起到关键作用。如我国最著名、也是最大的新疆吐鲁番产区，1995 年外运葡萄不足 1 万吨，到 2005 年则超过 15 万吨。在秋冬我国的东部鲜果市场上，吐鲁番、哈密、敦煌的无核白葡萄、新疆阿图什的木纳格葡萄随处可见。在上海市场上，1 千克木纳格葡萄为 12 元，而同期进口的美国红提（红地球品种）葡萄则高达 40

元/千克，无论是外观品质还是果肉质地、风味，木纳格都不次于美国红提，这进一步刺激了水果运销商从西部保鲜运输葡萄的积极性。

2. 陆路口岸边贸业兴起　中国与东南亚自由贸易区的建立，与中亚、俄罗斯各国边贸的开放，都为鲜食葡萄走出国门创造了条件。2005年我国陆路口岸的鲜食葡萄出口量估计要超过5万吨，部分鲜食葡萄还被哈萨克斯坦转口至东欧、甚至西欧国家。国外有关方面预测，中国与东南亚的自由贸易区的零关税政策，将使中国成为东南亚最大的鲜食葡萄出口国。

3. 我国鲜食葡萄品种结构的调整，促进了鲜食葡萄运输保鲜业的发展　我国原有主栽鲜食葡萄品种巨峰、无核白等品种在运输过程中，特别是在常温运输中干梗、脱粒十分严重。近年来，美国红地球品种在中国的大发展，并成为鲜食葡萄的第二主栽品种，对引领中国鲜食葡萄走向国内外大市场发挥了重要作用。山西晋南的曲沃、稷山等县种植了近7 000公顷的红地球葡萄，70%以上是被运销到河南、湖北等南部市场，部分还经东北进入到俄罗斯市场，而冬贮量则比较少，这些都与红地球等葡萄耐运输的品种特性有密切关系。

4. 运输保鲜技术及设备、材料的发展，支撑着葡萄运输保鲜业的发展　10年以前，各鲜食葡萄产区的葡萄外运，基本上是常温运输，包装箱不规范、偏大，又不加保鲜材料。近几年，我们在产区看到的情况则大大不同。葡萄采收后多是先进冷库预冷，远途运输者也大多用有冷藏设备的汽车、火车。海、水路运输则用冷藏集装箱，运输用的保鲜技术已被广泛使用。我国在葡萄运输保鲜方面的研究与产业化已取得长足进展。2005 年山东三丰果品公司已将我国西部的红地球葡萄经长途的陆路交通又经海路走进英国市场。若没有运输保鲜设备、材料与运输保鲜技术的支撑是不可能的。

中国是世界上鲜食葡萄第一生产大国。随着品种结构的调整，西部大开发速度的加快，随着标准化栽培、标准化包装及贮运保鲜技术的进步，中国成为世界鲜食葡萄第一出口国的时日将会很快到来。

一、采 收

1. 葡萄成熟度的确定 采收是葡萄生产的最后一个环节，也是运输贮藏保鲜的第一个环节。葡萄成熟度涉及产量、品质及贮藏性。采收过早，不仅影响果粒的大小，也影响风味、品质和色泽，使贮运性下降；采收过晚，则葡萄后熟和衰老，贮藏中易脱粒，风味易变淡，贮运期缩短。

葡萄采收成熟度要依据浆果可溶性固形物含量及糖酸比作为成熟度指标。有色品种的着色程度，也作为判断成熟度的指标之一。不同栽培地区、不同葡萄品种成熟度指标有差异。

果实成熟过程中的变化是：果实体积重量停止增长，果色达到品种特有的颜色，果皮角质层及果粉增厚，果实含糖量增加。清淡型品种如牛奶、乍娜、理查马特等含糖量为 14%～16%，含酸量 0.4%～0.6%；一般品种如巨峰、龙眼、玫瑰香含糖量为 17%～20%，含酸量 0.5%～0.7%，这样的葡萄不仅品质好，而且也耐贮运。从穗梗、穗轴特征上看，果实进入成熟期以后，穗梗、穗轴逐渐半木质化至木质化，色泽由绿变褐，蜡质层增厚。除牛奶、理查马特等品种穗梗在成熟时仍较脆绿外，大多数品种在成熟期若穗梗色泽仍为青绿色，则表明成熟不良，或是采收期未到，或是产量过高，此类果实均不耐贮运。

日本第一主栽葡萄品种是巨峰。该品种采收时糖度标准为17％以上，果色为蓝黑色。日本科研人员经多年研究，将该品种成熟度以色卡形式表示，即巨峰葡萄从开始上色后分为黄绿—浅红—红—紫红—红紫—紫—黑紫—紫黑—黑—蓝黑，共分10个色级。过去，我国环渤海各巨峰葡萄产区所产的葡萄，通常色度只能达到6～8级色级，原以为是自然环境条件所限；近几年，随着市场需求的变化，经过严格控制单位面积产量，增施有机肥和磷钾肥，巨峰色泽同样可以达到9～10级，即黑到蓝黑色。日本栽培葡萄都要疏花疏果，不论什么品种都在花期前后将花穗修整成圆柱形。巨峰葡萄的具体做法是：除去花序上部的大分枝，保留花序中下段的小分枝，以求获得穗形整齐、大小均衡的圆柱形果穗。通常果穗重为350～500克，果粒重11～13克。花穗整形是实现果穗、果粒大小标准化的不可缺少的环节。没有果穗、果粒大小标准化，就无法实现包装的标准化。这个问题已越来越引起运销果商和栽培者的广泛关注。

一般认为，欧美杂种品种贮运用的葡萄不宜过迟采收。据修德仁等1995年10月份对日本的考察报告，延迟采收在日本十分普遍，这是延长鲜果供应期值得借鉴的举措（表4-1）。

从表4-1可见，巨峰葡萄在日本长野县充分成熟期应

表4-1 不同采收期的巨峰果粒大小及色泽变化（单位：毫米）

地点：日本长野县

月/日	7/29	8/1	8/5	8/12	8/16	8/18	8/27	9/1	9/9	9/16	9/23	10/3
色 度	0.1	0.7	2.5	4.7	6.0	7.9	9.1	9.8	10.0	9.5	10.0	10.4
果实纵径	22.9	23.2	23.9	25.4	26.0	26.2	26.8	27.0	27.0	27.3	27.3	27.6
果实横径	21.0	21.7	22.7	24.1	24.5	24.7	25.0	25.1	25.2	25.3	25.4	25.4

是9月上旬。若采收后有较好的包装、预冷、中短途低温冷藏车运输，立即投放市场，延迟采收是可行的。从贮藏角度看，欧美杂种葡萄品种过迟采收，会明显缩短贮藏期和影响贮藏质量，而对中短期贮藏无明显影响。在日本鲜食葡萄市场上，无论何种品种，必须充分成熟才能采收，允许适当晚采，但绝不允许提早采收，提早上市。这与我国普遍早采收、早上市的习惯形成鲜明对比，值得思考。

红地球葡萄是我国仅次于巨峰的第二大主栽品种，属极晚熟品种。我国北方地区的采收期，一般是在9月下旬至10月上旬。采收时质量指标应为果实色泽是鲜红色，其次是紫红色。果粒重12克以上或横径26毫米以上，果实可溶性固形物含量16度以上。

2. 采收 葡萄果实鲜嫩多汁，采收过程中易碰、压、破、擦皮及落粒等，促使葡萄在贮运过程中腐烂。另外，葡萄属非跃变型呼吸作用的水果，有相对低的生理活性。但是，会随着采收葡萄的失水，易造成果梗干枯、褐变、脱粒和果粒皱缩。浆果表面的果粉是影响葡萄外观品质的重要因素，因此在采收中以及采收后的运输、贮藏等过程中都应仔细认真进行。

采收方法：葡萄采收的方法有手工采收和机械采收。无论是国内还是国外，机械采收都不适合于鲜食葡萄，仅用于酿酒葡萄的采收。具体做法是，在采收时用一只手托住葡萄，另一只手用剪刀将葡萄从藤上剪下，同时用左手托起葡萄穗，轻轻转动，剪掉腐烂、有病、不成熟、畸形及鸟啄的果粒，装入内衬葡萄专用保鲜袋的保鲜箱中。修整时要注意剪刀不伤及其他葡萄粒；另外生产上也有用右手摘去病果、生果、不成熟的果粒的方法，此法虽然简单却会残留下果液及果刷，在运贮过程中易发霉并增加其他果实的腐烂率和伤及周围的果粒。另一种方法是采后集中修整装箱，剪下的葡萄先放入篮子或筐里，篮子或筐中要放布、纸或其他柔软物，防止葡萄受到摩擦或划伤，并在葡萄园中选择遮荫通风处的地面，铺干净的薄膜作为葡萄集中修整场地。

我们通常将第一种采收并直接装箱的方法称为"一次装箱法"；而将采收后临时装箱、然后细致整理再装入运输、贮藏包装箱的方法称之为"二次装箱法"。二次装箱法只适用于中短途运输或整个低温物流时间不超过1周左右的长途运输。原因是该法易造成果粒与果蒂间出现不易看见的伤痕，导致在较长时间的长途运输或贮藏时，引起霉变腐烂或因保鲜剂快速释放而引起二氧化硫漂白伤害。

3. 采收时应注意的事项

（1）尽量避免机械伤口，减少病原微生物入侵之门。伤口是导致葡萄腐烂的最主要原因。自然环境中有许多致病的微生物，绝大多数是通过伤口侵入。此处伤口不同程度地刺激葡萄呼吸作用增强，我们称之为"伤呼吸"，这一方面会使葡萄袋中湿度更高，同时也促使保鲜剂的释放速度加快，不利于贮运。

（2）选择适宜的采收天气。阴雨天气或清晨露水未干或浓雾时采收，容易造成机械损伤，加上果实表面潮湿，有利于微生物侵染。在高温天气的中午和午后采收，因果实体温高，其呼吸、蒸腾作用旺盛，也不利于贮运。所以，应选择晴朗的天气，在露水干后的上午及下午 3 时以后采收最好。遇降雨时应延迟采收，至少推迟 1 周左右再采收。

（3）选择松紧度适宜的紧凑果穗。过紧的果穗在贮运中会因果穗中心部位湿度大、温度高，易出现霉菌侵染所致"烂心"现象；过松的果穗，易出现失水干梗现象，对贮运都不利。因此要采收果穗大小均匀、上色均匀、成熟充分的果穗；凡穗形不整齐、果粒大小不均匀的果穗，决不能作优质果贮运。

（4）分期采收。同一棵葡萄上的果穗成熟度不同，为了保证贮运葡萄的品质，应分期分批采收。

（5）下列葡萄影响贮运效果和市场信誉：①凡高产园、氮素化肥施用过多、成熟不充分的葡萄，以及含糖量低于 14％（可溶性固形物 16％以下）的葡萄和有软尖、有水罐病的葡萄。②采前灌水或遇大雨采摘的葡萄。③灰霉病、霜霉病及其他果穗病害较重的葡萄园的葡萄。④遭受霜冻、水涝、风灾、雹灾等自然灾害的葡萄。⑤成熟期使用乙烯利促熟的葡萄，使用赤霉素等膨大果粒导致果梗过硬的葡萄。⑥果穗未套袋、果面农药污染较重的葡萄穗。

二、葡萄的分级

1. 分级的目的 果蔬采收以后，应经过一系列商品化处理再进入流通环节。

分级的目的在于：①实现优质优价。②满足不同用途的需要。③减少损耗。④便于包装、运输和贮藏。⑤提高产品市场竞争力。

2. 葡萄分级标准 葡萄分级标准的主要项目：果粒大小、果穗整齐度、果穗形状、果形、色泽、可溶性固形物含量、总酸含量、机械伤、药害、病害、裂果等。目前由农业部制订、中国农业科学院郑州果树研究所起草的《鲜食葡萄行业标准》，对果穗的基本要求是：无公害、果穗完整、洁净、无病虫害、无异味、不带有不正常的外来水分、细心采收、果穗充分发育、果梗发育良好并健壮、果梗不干燥、不变脆、不发霉、不腐烂。对果粒的基本要求是：果形好、充分发育、有适合市场要求的成熟度、果粒不散落、果蒂部不皱皮。日本对巨峰葡萄的质量标准是：每个果穗以 400 克左右为宜，变化幅度为 300～500 克。果实含糖量在 17% 以上，果皮色泽达到蓝黑色；巨峰果实质量分级以果粒大小为标准：13 克以上的大果粒为特级果，通常用 1 千克装的小盒精细包装；果粒 12 克为 1 级果；11 克左右的果粒为统货果品。日本对玫瑰露采收分级标准是：以果穗大小分级，这种分级方法符合小粒型品种特点。该品种在花期前后均经赤霉素处理，实现了无核化，果粒差异较小。基本要求是果穗无论大小，糖度都要达到 19 度，含酸量以 pH 表示，pH 达到 3 以上才能采收，其质量分级标准见表 4 - 2。

表 4 - 2　日本山形县玫瑰露葡萄采收分级标准

级　别	特　级	一　级	统　货	等　外
果穗大小（克）	340 以上	270～340	230～270	230 以下
穗数/2 千克箱	5	6	8	10

美国、智利、澳大利亚等国进入中国市场的红地球葡萄（俗称美国红提），都有较严格的质量标准，现将澳大利亚红地球葡萄采收分级标准列于表 4 - 3，供栽培者及贮运商参考。

表 4 - 3 澳大利亚红地球葡萄果质质量标准

性　　状		标　　准
成熟度	可溶性固形物含量	＞15 度（Swan valley 和 Bindoon 地区） ＞16 度（其他地区）
	含酸量（克/升）	≤7.5（所有产区）
浆果大小	超大（XXLarge）	每果穗上至少有 40％的果粒直径超过 28 毫米，最小果粒的直径不小于 26 毫米
	极大（XLarge）	每果穗上至少有 60％的果粒直径超过 26 毫米，最小果粒的直径不小于 24 毫米
	大（Large）	每果穗上 60％的果粒直径超过 24 毫米，最小果粒的直径不小于 22 毫米
浆果颜色		红或紫红
颜色一致性		90％的果面具有本品种固有的色泽，允许有少量底色，每一包装箱内的果实颜色应一致
果柄		新鲜、绿色
果粉		完整
有明显瑕疵的果粒（粒/千克）		＜2
有机械伤的果粒（粒/千克）		＜2
有 SO_2 伤害的果粒（粒/千克），	被漂白面积为 5％～25％	＜2
	被漂白面积为＞25％	0
果面清洁程度		90％的果粒或果穗没有污染，或没有害虫危害的痕迹
农药残留		只允许使用在葡萄上登记的农药产品，农药残留要低于最大残留限量（M，R，L）
果穗重（克）		＞250 ＜1 500

　　当前，我国果品已进入"品质时代"，制定和实施与国际接轨的葡萄产品质量标准，是推动我国水果走出国门、走向高档市场的关键。

三、保鲜包装

1. 包装的作用　葡萄果实含水量高,果皮薄,果粒与果蒂拉力小、易脱粒,容易受到机械损伤和微生物侵染。因此,葡萄采后容易失水腐烂,降低商品价值和食用品质。

葡萄包装无论是用于运输、贮藏,还是用于货架存放,都应有保鲜功能,如防止或减少失水,调温、调气等。良好的包装可以保证产品安全运输和贮藏,减少货品之间的摩擦、碰撞和挤压,避免造成机械伤,防止产品受到尘土和微生物等不利因素的污染,减少病虫害的蔓延和水分蒸发,减缓因外界温度剧烈变化引起的货品损失。包装可以使葡萄在流通中保持良好的稳定性,提高商品率和卫生质量。合理的包装有利于葡萄货品标准化,有利于运输及仓储工作机械化操作和减轻劳动强度,有利于充分利用运输工具及仓储工作空间和合理堆码。今后,包装与多种保鲜功能结合,单层包装箱和单果穗包装是鲜食葡萄包装的发展方向。

2. 对包装容器的要求　包装容器应该具有保护性,在装卸、运输和堆码过程中有足够的机械强度;有一定的通透性以利于产品散热及气体交换;具有一定的防潮性,防止吸水变形,从而避免包装的机械强度降低引起的产品腐烂;包装容器还应该清洁、无污染、无异味。在长途运输和贮藏中,包装还应具有一定的调气功能;无有害的化学物质,符合无公害包装标准;内壁要光滑、卫生、美观;重量轻、成本低、便于取材、易于回收及处理,对环境不造成污染;包装容器外面应注明商标、品名、等级、重量、产地、特定标志及包装日期。

3. 葡萄包装种类和规格　　目前葡萄包装的种类很多，市场上常见种类见表4-4。泡沫箱是近年我国刚刚兴起的葡萄包装方式，具有保温性能好、缓冲性能好的特点，比较适合运输保鲜用。另外，由于其美观大方，美国向中国市场销售的红提，使用泡沫箱，在消费者心目中它是高档果的包装容器，因此发展较快。这种包装箱用于运输保鲜时，在其箱上应打孔，以利于葡萄产生的呼吸热迅速散出。泡沫箱和木条箱以及塑料箱普遍存在不能折叠、仓储麻烦的问题。纸箱有其他包装容器所不具备的优点——可以折叠、便于管理、便于回收、对环境不造成污染。纸箱还具有一定的缓冲性，有抵抗外来撞击、保护葡萄的作用，并可印刷标志，表示商品内含物，可起到广告的作用。木条箱和塑料箱耐压力强，透气也好，但缓冲性稍差，箱中的葡萄在运输或搬运过程中易发生机械伤，需与内衬材料配合使用。

泡沫箱不易回收，易造成环境的白色污染，在欧洲一些国家已禁止使用或征收污染环境费，从总的趋势看，泡沫箱属对环境不友好的包装类型，应逐步淘汰。

表4-4　市场上葡萄包装箱种类

种　类	性　　能	单个成本价（元）
泡沫箱	保温性能好，缓冲性好，用于运输保鲜	2.5～3.0
纸　箱	易折叠、好管理，重量轻，可印刷，用于进市场	2.5～3.0
塑料箱	透气好，耐压强，用于贮藏运输	2.1
木条箱	透气好，耐压强，用于贮藏	2.1

木板箱材消耗森林资源，箱体上易携带危险虫害与病原菌，不易用于水果出口包装。王善广等（1999年）用纸箱和聚苯乙烯泡沫箱在同样条件下运输红地球和秋黑葡萄，先将葡萄预冷到0℃，在外界温度为18～25℃的条件下用汽车

进行保温运输，7天后聚苯乙烯泡沫箱中的温度比纸箱内的温度低 $3\sim5℃$，而且泡沫箱表现出较好的耐压能力，因此，其运输保鲜效果明显好于纸箱（表 4-5）。

表 4-5　不同包装箱对葡萄运输质量的影响（好果率:%）

种　类	红地球葡萄	秋　黑	马　奶	玫瑰香
纸　箱	98.76	97.85	88.00	87.52
聚乙烯泡沫箱	99.86	99.65	90.82	89.98

包装规格变化与包装标准化：20 世纪 80 年代前，我国葡萄包装以筐装为主，大筐 25 千克以上，中等筐 20 千克左右。此后普遍改用纸箱包装，一般为多层包装箱，内装葡萄 10 千克左右。到了 20 世纪 90 年代，单层包装箱开始用于葡萄包装，如张家口地区的牛奶葡萄包装就用了单层包装箱。现将笔者在 1995 年日本考察时收集的几种包装箱规格列于表 4-6。

表 4-6　日本几种葡萄包装箱的规格*

产　地	山形赤汤	山梨田川农协	山梨铃木园	山形船山园	盐尻农协	日本农协
品　种	共选	甲州	高尾	—	巨峰	巨峰
箱类型	共选	—	高级	高级	手提式	高级
箱长(厘米)	50(47.4)	39.7(38.0)	34.0(30.0)	32.0(31.5)	23.0(22.6)	21.4(19.4)
箱宽(厘米)	33(31.3)	27.3(26.0)	22.8(21.4)	22.5(22.0)	17.0(16.7)	15.3(14.1)
箱高(厘米)	13(12.4)	10.9(10.3)	11.5(10.9)	9.8(9.4)	20.9(19.7)	8.5(8.3)
净果重(千克)		4	2			1

*　规格数字指：外径（内径）。

日本葡萄均进行严格的整穗，故单层摆放葡萄的包装箱箱高不超过 13 厘米（内径）。20 世纪 70 年代末，河北省怀来县龙眼葡萄的扁形小木箱为（内径：厘米）$41.2\times29.7\times13$，净重 4.5 千克。目前，辽宁省贮藏巨峰葡萄的板条箱规格（厘米）是 $35\times25\times15$，净重 5 千克。

辽宁省巨峰葡萄包装箱之所以采用箱的高度（15厘米）高于日本巨峰包装箱的箱高（8.5～13厘米），是因为我国种植的巨峰葡萄大多数不进行整穗、果穗的大小不齐、松紧不一、穗形各异所致。通过花期前后调整花序分枝保留数量和花序分枝长度，控制每穗葡萄的留粒量，实现果穗形状、大小及果粒大小一致，这样才能实现包装标准化。

4. 包装方法与要求

（1）装箱的方法。采后的葡萄应立即装箱，集中装箱时应在冷凉的环境下进行，避免风吹、日晒和雨淋。装箱后葡萄在箱内应该呈一定的排列形式，防止其在容器内滑动和相互碰撞，并使产品能通风透气，充分利用容器的空间。

目前葡萄装箱有三种方法：一种是穗梗朝上，每穗葡萄按顺序轻轻地摆放在箱内。这种方式操作方便，日本单穗包装的葡萄在单层包装箱内的摆放多属于这种装箱方式。美国出口红地球葡萄包装，则是将松散的果穗穗梗朝上，单穗装入带孔塑料袋或纸袋内，然后再装入泡沫箱内，但在美国国内市场上很少见到泡沫箱装葡萄，多为纸箱。另一种是整穗葡萄平放在箱内。还有一种是穗梗朝下。目前我国葡萄在箱内的摆放大多采用后两种形式。在不进行整穗的情况下，葡萄穗形多以圆锥形为主，大小不齐，松散不一，此时只能采取平放或倒放的形式，采用双层或者一层半的包装箱。国内高质量葡萄已开始采用单果穗包装和单层包装箱。所以，我们把其称为"两单"包装，并作为标准化生产与标准化包装的一种标志。

（2）装箱量。要避免装箱量过满或过少造成损伤。装量过大时，葡萄相互挤压；过少时葡萄在运输过程中相互碰撞，因此，装量要适度。王善广对葡萄装箱量对运输质量的影响做过调查（1999年），100％的装箱量，有利于葡萄的长途运输，85％的装箱量葡萄腐烂率明显增高（表4-7）。葡萄属于不耐压的水果，因此，包装时包装容器内应加支撑物或衬垫物，以减少货品的震动和碰撞。箱内衬垫物的有无，对防止果穗在搬运过程中的伤害十分重要。日本高档巨峰果包装是在小纸箱底部垫6毫米的软塑泡沫，再垫衬一张软纸。山形县产的意大利葡萄每穗分别包装，用一个一面为韧性好的软纸，另一面为透明极好的塑膜做成的纸袋，将果穗轻轻放袋内，然后放入包装箱中。统货葡萄则直接用生长期葡萄套袋的纸袋为衬垫。美国在运输或贮藏硬肉型欧洲大粒葡萄时，箱内垫有新鲜锯末或细碎刨花。我国在包装方面做的还不够理想，有待努力改进。包装物（含外包装、内包装、衬垫）的重量，应根据货品种类、搬运和操作方式而定，一般不超过总重的20％±5％。

表4-7　不同装箱量对运输质量的影响（好果率：％）

装　量	红地球葡萄	秋　黑	马　奶	玫瑰香
100％装箱量	99.86	99.65	90.82	89.98
85％装箱量	91.21	90.25	81.55	81.12

葡萄是对机械伤较敏感的水果，因此不宜多次翻倒，否则会引起较严重的损伤和贮运过程中的腐烂。据辽宁省北宁市的经验，巨峰从树上采下后，应立即剪去病、残、伤果，放入衬有塑料膜的包装箱内。这个箱也是贮运后投放市场的包装箱，做到一次装箱入贮，不再翻倒，这是运好、贮好葡萄的关键措施之一。另外，葡萄果品包装和装卸时应轻拿轻放，尽量避免机械损伤。

葡萄销售小包装可在批发或零售环节中进行，包装时剔除腐烂及受伤的果品。小包装销售应根据当地的消费需要选择透明薄膜袋、带孔塑料袋，也可放在塑料托盘或纸托盘上，外用透明薄膜包裹。销售包装袋上应标明重量、品名、价格和日期。销售小包装应具备美观、吸引顾客、便于携带并起到延长货架保鲜期的作用。

四、预　　冷

1. 预冷的必要性　葡萄采收之后、贮运之前，应采用一系列措施降低果品温度。采收后尽快将葡萄品温降低到接近贮藏温度的过程叫预冷。预冷的主要目的是降低果品的呼吸强度，散发果品在田间因阳光辐射而产生的田间热，降低果温并散失果穗表面从田间带来的水分，以利于运输和贮藏。预冷对葡萄运输和贮藏的好处在于：

（1）经过预冷后的葡萄呼吸强度、果胶酶等活性被迅速降低，由此降低了果肉质地由脆变软的转化速度及葡萄的脱粒率。

（2）经过预冷后迅速抑制葡萄穗轴和穗梗叶绿素分解，由此保持了果梗的新鲜度。

（3）采后迅速预冷能够迅速抑制病原微生物所引起的腐烂。由于葡萄采收后，穗上难免有机械伤，再加上高湿和较高的温度，为微生物的生长繁殖提供了良好条件。采后迅速预冷，则散去果实的田间热和果实由于呼吸而产生的呼吸热以及水分，并可抑制微生物的活动。在生产中经常可以看到，采收后的巨峰葡萄如果 24 小时不预冷，果面上便可看到灰霉菌落。

（4）预冷能够减少葡萄与冷藏车或贮藏库之间的温差，防止果实表面或保鲜袋上出现结露。结露对葡萄运输与贮藏是非常不利的。结露一方面为病原微生物的生长繁殖提供了有利条件；另一方面露珠还增加了葡萄周围的湿度，使葡萄保鲜剂释放速度加快，使大量果实漂白，并导致后期药劲不足而出现葡萄大量的腐烂现象。葡萄运输与贮藏过程中最易发生的问题是结露，也是葡萄贮运是否成功的关键。因此，在贮运过程中一定要注意防止结露。结露主要是由于果实周围的环境温度与冷库温度差所造成的。温差越大，果实表面及果实袋或箱的结露越重。预冷是降低葡萄与冷藏运输车之间温差的一种有效措施，预冷是否彻底是关系到葡萄长途运输或贮藏是否成功的第一步。检验预冷是否彻底的方法是封袋后葡萄袋上有无水滴出现。如果保鲜袋上有细小的雾珠，则表明预冷不彻底。但是，过度预冷对葡萄的贮运也不利，会造成葡萄穗轴、穗梗以及果柄失水变黄，增加葡萄的重量损失。

2. 快速预冷　葡萄预冷的速度由几方面所决定：

（1）葡萄本身的初温。初温越高，则预冷速度越慢，所以，葡萄采收时应选择一天中最凉爽时采收，采后的葡萄严禁在太阳光下曝晒，应放在阴凉通风处，最好采收后马上入库预冷。

（2）包装方式。包装方式对葡萄预冷时间影响很大。目前葡萄贮运一般采用木箱、纸箱、塑料箱、聚苯板泡沫箱等。其中木条箱和塑料箱的预冷速度最快，次之为纸板箱，聚苯板泡沫箱的预冷速度最慢。

（3）预冷时的码垛方式。码垛时通风状况良好，则预冷速度快。

（4）一次的入库量。入库量越少则产品预冷速度越快，因此，每次的入库量不宜太大。目前葡萄预冷大部分采用微型冷库或其他中小型冷库预冷，预冷时每次入库量不能大于库容的10%。由于我国目前的预冷和贮藏库多数采用同一库房，因此，随着入库量的增加，每次入库预冷量应逐渐减少。第一次入库预冷时，由于是空库，因此可适当多放些需预冷货品，以冷库地面上摆2层葡萄箱为宜。当葡萄箱中温度降到0℃左右时，即可放入保鲜剂，封袋，装车，运往市场或码垛贮藏。然后进行第二、三批的预冷。

（5）预冷时冷库的温度。这也是影响预冷速度的主要因素，冷库温度越低，预冷速度越快，但是要避免葡萄发生冻害。

（6）预冷时空气的流速。流速越大预冷越快，因此，预冷时应将风机打开或者在库房中加风扇以加速库房空气的流动。但要注意防止果穗出现严重干梗，以果穗小果梗刚刚变软为度。

3. 预冷的方式　果蔬预冷的方式有接触冰预冷、水预冷、真空预冷、强制冷风预冷、冷库预冷以及自然预冷。对葡萄来说，比较适合的是后三种预冷方式。

（1）强制冷风预冷。又称压差预冷。在预冷库内设冷墙，冷墙上开风孔，将装果实的容器堆码于预冷风孔两侧或面对风孔，堵塞除容器气眼以外的一切气路，用鼓风机推动冷墙内的冷空气，在容器两侧造成压力差异，强制冷空气经容器气眼通过果实，迅速带走果实携带的热量。此法较普通冷库预冷的效率和所需制冷量高4～6倍。用于强迫冷风预冷的包装箱，必须有大于边板4%的通风气眼，并不设内包装，不加衬垫。设计强制冷风预冷系统，应在冷风进口端的果实中安置温度测定仪表。当果实温度达到冷却要求时，立即停止或降低气流。为减少果实失水和果梗干缩，必要时应进行喷雾加湿，调节预冷库气流湿度。此法适用于各种果蔬，是灵活方便、冷却效率较高的预冷方法。此法虽适合于葡萄预冷，但是由于投资费用高，在我国尚未得到广泛应用。

（2）冷库预冷。在 0℃ 冷库内堆码葡萄，冷却时间约 10～72 小时。预冷库空气流量须每分钟达 60～120 米^3。注意堆码方式，使全库均匀通风。包装箱的通气眼面积应大于边板的 2%。此法不用特殊装置，但需较快冷却库体。此法冷却速度慢，但是具有操作方便、果实预冷包装和贮藏包装可通用的优点。预冷后不需要重新倒箱，预冷后保持较干爽的状态。更为重要的是，预冷的设施是冷库，不需要为此另行投资。鉴于中国目前的实际情况，冷库预冷已成为果蔬贮藏的主要预冷方式。目前广泛应用于葡萄、蒜薹、辣椒、桃、梨等果蔬运输前预冷和贮藏的预冷。这种方式也是葡萄预冷较好的一种方式。必须指出，对于像红地球、利比尔等对 SO_2 型保鲜剂敏感的品种，极易发生漂白伤害，预冷速度太慢和预冷的葡萄品温偏高是重要原因。对这类品种来说，修建预冷库则显得十分重要。

国家农产品保鲜工程技术研究中心结合中国国情，设计了一种简易葡萄预冷库，即在现有冷库库容基础上，增加 1 倍左右的制冷机设备和一个伴侣风机，库门增加一个冷风帘，其预冷效果较普通冷库有显著提高，已在葡萄运输与贮藏保鲜上得到广泛应用。

（3）自然冷源预冷。这是利用夜间低温来降低果蔬品温的一种方法。这种方法在葡萄简易贮藏中普遍采用。

4. 预冷时间的调控　快速预冷对任何葡萄品种都是有益的，这样可以迅速降低入贮葡萄的呼吸强度和乙烯的释放。巨峰等欧美杂种品种，在常温下呼吸强度常是欧洲种品种的几倍，故要求采收后应于当日将果运到冷库预冷。由于预冷时间过长易失水干梗，故限定预冷时间以 12 小时左右为宜。实践证明，巨峰葡萄入库预冷超过 24 小时，贮运期间容易出现干梗脱粒，超过 48 小时更严重。

用普通冷库对巨峰、红地球葡萄的短时间预冷，其主要障碍是果实体温降不到 0℃，装药扎袋后会出现不同程度的结露现象，贮后箱底塑料袋内会有少量积水。所以要用效果较好的防腐保鲜剂，要求库温较低，防止因湿度过大引起的腐烂。库温偏高会在长途运输中出现果实腐烂，运后货架期也受到影响，一旦开袋，药效降低，由霉菌引起的腐烂迅速发展。红地球品种如果预冷不好，必然导致入库早期结露严重，在入库后短时间内常出现葡萄漂白。

采后快速入库，快速预冷和减少预冷时间，是防止红地球、巨峰贮运中出现干梗脱粒的关键措施。对欧洲种中晚熟、极晚熟品种的预冷时间则要求果实品温接近或达到 0℃时再入药封袋。欧洲种耐贮运品种的预冷时间可稍长些，有利于散掉果穗表面水分，降低塑料袋内的温度。对欧洲种品种，袋内应严禁结露和袋底积水。但无论对什么品种，快速预冷都是有利的。美国的研究认为，采后经过 6～12 小时预冷，温度可从 27℃ 降至 0.5℃ 的效果最好。为实现快速预冷，应在葡萄入贮前 1 周开机，使冷库库体温度下降至 -1℃。停机一段时间后，库内气温回升缓慢，此为入贮前的必备条件。

五、葡萄的保鲜运输

1. 保鲜运输的意义　葡萄是一种受消费者欢迎的水果。由于葡萄生产地区性和季节性的限制，葡萄保鲜运输已成为流通过程各环节中不可或缺的条件。葡萄在运输过程中极易出现裂果、腐烂、掉粒现象，因此，鲜食葡萄的长途运输必须实现保鲜运输。发达国家在葡萄运输保鲜上采取冷链系统设施，运输工具多采用气调冷藏车，超市也多采用冷藏保鲜柜等制冷设备，以此减少葡萄在产后流通及消费过程中的损耗。近年来，随着人们生活水平的提高，人们对葡萄质量要求越来越高，为了保持葡萄的新鲜品质，对运输保鲜技术的要求也越来越高。

葡萄运输的意义：①运输是新鲜葡萄从生产地运往消费地的桥梁，通过保鲜运输可满足人们生活需要，丰富消费者的"果篮子"。②葡萄运输有利于葡萄产业的发展。优质葡萄通常产在优势产区，因此，葡萄市场一般不是就地供应，90%以上是异地销售。没有良好的保鲜运输条件和设施，则生产的葡萄运不出去，将影响葡萄产业的发展。③葡萄运输还推动了与运输相关产业的发展。如：贮藏保鲜业、保鲜包装业、运输业、制冷设备和市场营销等第三产业。

2. 保鲜运输的基本环境条件　运输中的环境条件以及对葡萄的生理影响，大体与贮藏保鲜过程相似，所不同的是贮藏是静止状态的保鲜，而运输是运动状态的保鲜。

（1）震动。葡萄在运输过程中由于震动会造成大量的机械伤，从而影响葡萄的品质及运输性能。因此，震动是葡萄运输中应考虑的重要环境条件。

震动强度：震动的大小一般都用震动强度来表示。由于振幅与频率不同，对葡萄会产生不同的影响。

影响震动强度的因素：运输方式、运输工具、行驶速度、货物所处的位置等对震动强度都有影响。一般铁路运输的震动强度小于公路运输，海路运输的震动强度又小于铁路运输。铁路运输途中，货车的震动强度通常都小于1级。公路运输其震动强度则与路面状况、卡车车轮数有密切关系。车轮数少的，其震动强度大于车轮数多的。路面好坏，震动强度差别也很大。卡车如行驶在铺设得很好的路面上及高速公路上，其行车速度与震动关系不大。而在铺设不好或未铺的路面上行车时，车速越快，震动越大。

运输车的车轮数越多，车子上下震动加速度越小。有8个轮的铁路货车，震动加速度最低；四轮的汽车在好路面上的震动加速度小于1，少于四个轮的机动车不管路好坏，震动加速度都大于1。坏路面增加车的震动加速度。就货物在车厢中的位置而言，车后部上端的震动强度最大，前部下端最小。据中村等1976年研究结果表明：由冈山到东京共768千米，放在火车最前面下部、中部上部、后部上部的葡萄发生1级以上的震动次数分别为58次、78次、158次。另外，因箱子的跳动还会发生二次相撞，使震动强度大大增强，使葡萄造成损伤。

海路运输的震动强度一般较小。它的震动是由于发动机和螺旋桨的转动而产生的。轮船则有相当大的摇摆，会使船内的货箱和果实晃动受压，且海运途中时间较长，这些都会对果实产生不利影响。

在运输过程中，由于震动和摇动，箱内葡萄逐渐下沉，使箱内的上部产生了空间，使葡萄与箱子发生二次运动及旋转运动，使加速度升级。箱上部受到的加速度是下部的2～3倍。所以，上部的果实易脱粒和受伤。同时，还会产生共振现象。这时，在车的上部就会突然受到异常的震动。箱子垛得越高，共振越严重。如垛的高度相同，则箱子小、数目多，上部箱子的震动就大。

在箱子受震动的情况下，箱子、填充材料、包果纸等都能吸收一部分震动力，使新鲜葡萄所受的冲击力有所减弱。在箱子内，下部的葡萄受到上部葡萄重量的影响，箱子越高影响越大。码垛时，因堆的方法和箱子的强度不同，还会使上部的负荷重对下部箱子的影响也不相同。

葡萄在运输前后的装货精细程度对震动大小也有影响。仔细装货将降低货物运输过程中的震动强度；粗放操作装货将使震动强度增加 2～3 倍。

（2）温度。温度对葡萄运输的影响与贮藏期间温度对葡萄的影响相同，是运输过程中的重要环境条件之一。我国地域辽阔，南北温差很大，如何保持葡萄运输中的适宜温度，是葡萄运输成功的关键。近些年，各葡萄产区都开始重视运输中的葡萄降温问题。中长途运输普遍利用当地冷库预冷后再运输，一部分直接用冷藏汽车、火车或冷藏集装箱船运；大部分是预冷后用棉被等包裹，上覆塑料或防雨帆布，尽管在运输过程中，果温会逐渐回升，但较之常温运输的效果好得多。

3. 运输方法比较 我国目前主要采用的方法有常温运输、亚常温运输和低温运输。

（1）常温运输。葡萄在常温运输时，货箱的温度和产品温度都受着外界气温的影响，特别是在盛夏或严冬时，影响更为明显。葡萄常温运输一般适合于短距离的运输。

据日本的试验，在夏季用遮荫的卡车从冈山到东京运输葡萄，经测定，卡车上不同部位温度以货堆上部的箱温最高，达 37℃，货堆上部和中部在运输期间的温差达 5℃ 以上。在雨天，尽管货堆上部的温度低，但总的温差不大。运输途中果实温度一旦上升，以后即使外界气温下降了，产品温度也不容易降下来。短期高温会使保鲜效果大大降低。在 10℃ 下经历 24 小时，然后在 28～30℃ 温度下运输，则运输 5 天后葡萄果梗开始变褐，7 天开始脱粒；而在 35℃ 下装车，在 28～30℃下运输 24 小时，果梗便开始变褐。因此，运输前适当降低货品的温度对葡萄运输是有利的。因而，在运输过程中防止温度的升高是常温运输成功的关键（表 4 - 8）。采用铁路运输，虽然也受到气温很大的影响，但因货车的构造不同，运输效果有相当大的差别。冬季通风车较不通风车受气温影响大，货品温度变化也大。

比较不同运输包装的温度变化，则木箱与纸箱大体相似，但纸箱堆得较密，在运输途中纸箱温度比木箱高1～2℃。

表 4 - 8　短时间温度处理对白玫瑰香葡萄外观品质的影响[*]

处理温度（℃）	刚处理完毕	1 天后	3 天后	5 天后	7 天后
10	无变化	无变化	果实完好	果梗变褐	脱粒
20	无变化	无变化	果梗变色	果梗变褐	脱粒
25	无变化	果梗稍变色	果梗变色	果梗变褐	脱粒显著
30	无变化	果梗稍变色	果梗变褐	脱粒	脱粒显著
35	无变化	果梗稍变色	果梗变褐	脱粒显著	脱粒显著

[*]　处理 24 小时，以后维持室温（28～30℃）（中村等，1975）。

（2）亚常温运输。亚常温是指低于常温而高于葡萄贮藏的最适低温的温度。我国目前的葡萄运输大部分采用的是这种运输方式。葡萄采收后首先进行低温处理即"打冷"，也就是我们所说的预冷，预冷后的葡萄用冷藏车或卡车加保温被运输。根据王善广的调查，预冷至 0℃的葡萄，用卡车加保温被运输，当外界夜温为 10℃、白天温度为 20℃的情况下，运输 7 天，葡萄内部的温度仅能升高 3～4℃效果颇佳。

（3）低温运输。在低温运输中，温度的控制不仅受冷藏车或冷藏箱的构造及冷却能力的影响，也与空气排出口的位置和冷气循环状况密切相关。一般空气排出口设在上部时，货物就会从上部开始冷却。如果码垛不当,冷气循环不好,会影响下部货物冷却的速度。为此,应改善冷气循环状况,使下部货物的冷却效果与上部货物趋于一致。

冷藏船的船舱仓容一般较大,进货时间延长必然会延迟货物的冷却速度和使仓内不同部位的温差增大。如以冷藏集装箱为装运单位,则可避免上述弊端。在用冷藏车、冷藏集装箱运输时,所装货物应在预冷库预冷后再装车。据各地葡萄低温运输的经验,在2~3天运距情况下,未经预冷处理就将葡萄箱装上冷藏车运输,其保鲜效果甚至不如预冷后用保温被的普通车的运输效果好。

4. 运输中的湿度和气体成分 湿度和气体成分对于葡萄运输有一定的影响。在运输过程中湿度太低会造成葡萄果梗失水干褐;湿度过大则有利于微生物的活动,特别是常温运输和亚常温运输条件下,湿度高会增加葡萄的腐烂程度。在运输中由于葡萄自身的水分蒸发,以及包装容器的材料种类、包装容器的大小、所用缓冲材料的种类等的差异,使葡萄所处环境的湿度不同。新鲜葡萄装入普通纸箱,在一天内,箱内空气的相对湿度可达到90%~100%,运输中也会保持在这个水平,纸箱吸潮后,抗压强度下降,可能使葡萄受伤。因此,葡萄运输用纸箱时,内部应加保鲜袋和保鲜剂。保鲜袋有三方面作用,一是保证葡萄的湿度和隔绝包装箱吸水,对保持包装箱的抗压强度有一定的作用;二是由于葡萄的呼吸,降低了袋内的氧气含量,增加了二氧化碳含量,从而起到抑制葡萄在运输过程中的衰老进度,减少了葡萄脱粒;三是保持葡萄处于一定的二氧化硫环境中,使保鲜剂能发挥更好的作用。如用比较干燥的木板箱包装,由于木材吸湿,也会使运输环境湿度下降。

5. 我国葡萄保鲜运输系统工艺流程 我国葡萄保鲜运输工艺流程（图4-1）的突出特点如下：

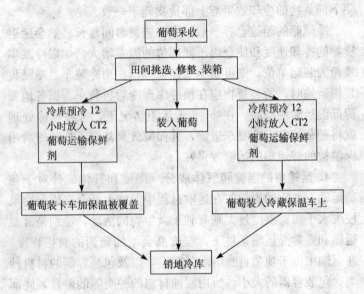

图4-1 我国目前葡萄运输系统流程

（1）强调田间边采收、边修整果穗、边分级、边装箱。有的甚至在采收前就在树上将每穗果的病残粒去掉，做好等级标志，采收时直接装箱，这样可以减少装箱前的果穗损伤。这种做法用工量大，但有利于果实的运输和长期贮藏。

（2）冷链运输系统尚未全面采用，预冷后用保温被包覆、用普通汽车运输是当前主要的运输方式，因此，保鲜剂等防腐技术尤显重要。

（3）优质包装箱及各种衬垫材料未能广泛应用。包装箱多数比较简易，保鲜包装效果较差。

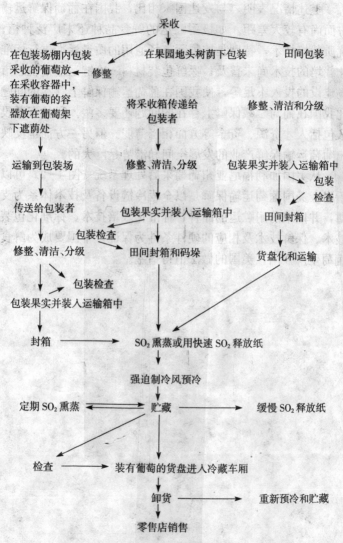

图 4-2 美国加利福尼亚州葡萄采后处理系统

上述情况表明，与发达国家相比，我国在葡萄保鲜运输方面尚有较大差距。如极耐贮运的鲜食品种还未广泛种植；优质栽培技术，特别是按国际市场通用的质量标准进行标准化栽培的技术尚未普及；保鲜包装材料、冷链运输设备、市场建设的投入不足等，使我国在葡萄运输保鲜上存在的问题比我国在葡萄贮藏保鲜上存在的问题还要多些。科技资源投入包括人才资源、资金等方面相当薄弱。但另一方面也反映出葡萄运输保鲜产业的发展空间和潜势是巨大的。

从美国加利福尼亚州葡萄采后处理系统（图4-2）可以看出，美国葡萄运输保鲜是以全程冷链设备及技术体系为支撑，并以采前耐贮运的品种、标准化栽培技术、标准化包装技术、保鲜技术及相应的硬件条件为保证。中国要成为鲜食葡萄生产强国，美国的做法值得借鉴。

第五章 葡萄贮藏保鲜

葡萄贮藏保鲜有别于运输保鲜的地方是：前者贮期相对较长，对品种选择、地域环境、栽培条件、葡萄质量及采收精细程度、采后包装、贮藏环境、贮藏保鲜设施、材料及冷库管理都有较严格的要求。葡萄贮藏是否成功，七分在采前的各环节是否能保证收获到质量好且耐贮的葡萄，三分在贮藏工艺。目前葡萄贮藏中存在的主要问题是过分把期望寄托于冷库和保鲜药剂两个环节，错误地认为葡萄进了保鲜冷库就进了"保险库"，放了保鲜药就等于放了"保险药"，甚至有的栽培者在葡萄销不出去时才想到把残剩的劣质葡萄贮到冷库里。尽管贮藏温度对抑制葡萄呼吸代谢和药剂防止霉变腐烂是葡萄贮藏中极重要的两个环节，但没有好葡萄就不可能有好的贮藏效果。

葡萄果实为浆果，果中水分含量高，一些品种的果实偏软、果皮薄、易脱粒。葡萄采收后果实的生命活动还比较活跃。因此，无论是运输保鲜还是贮藏保鲜，都是为了延缓采后的呼吸作用，延缓衰老变质。要贮好葡萄，首先要解决如何生产和选到好葡萄，然后要依据葡萄采后生理活动的规律，创造一个最佳的贮藏环境，其中包括温度、湿度、气体、微生物等，通过合理调控葡萄采后的生命活动，达到延缓衰老、延长贮期和销售期的目的。同时，葡萄采后的贮运保鲜过程同样也存在二次污染问题，因此也要解决好包装等保鲜材料的无公害化、绿色化问题。

葡萄属非呼吸跃变型水果，在精细贮藏情况下，贮期可长达6个多月。葡萄贮藏属知识和劳力密集型产业，通常葡萄贮后增值幅度较高，这是葡萄贮藏产业得以迅速发展的主要推动力之一。

一、葡萄贮藏的采前关键技术

1. 了解葡萄品种特性

（1）种与品种群在贮藏特性上的差异。葡萄不同种和品种群其耐贮性有很大差异。在欲贮某个品种时，首先要了解它的种的归属。广泛栽培的鲜食品种，大体归属两个种即欧洲种和美洲种。

欧洲种及其所属三个品种群的品种起源于西亚和地中海沿岸，那里的生长期气候干燥少雨，葡萄抗寒、抗病力较差，耐干燥、不耐潮湿。欧洲种起源地的气候特征直接影响到这个种果实的贮藏特征，即要求贮藏环境相对比较干燥，湿度比较低些，甚至可进行"干梗贮藏"。我国传统贮藏方法如筐藏、挂藏等就是一种"干梗贮藏"方法。欧洲种的龙眼、和田红葡萄等可贮藏至翌春，果梗、穗梗虽已严重失水干枯，但果粒仍牢固地固着在果梗上；美洲种起源于北美东部，生长期雨水较多的地区，该种葡萄普遍有较强的耐湿力，抗寒、抗病力较强，要求贮藏环境相对湿度较高并能忍耐比欧洲种品种稍高一些的湿度和稍低一些的温度环境。美洲种或欧美杂种品种如巨峰、黑奥林、先锋、康拜尔、康太、白香蕉等采后裸放几天便很快干梗、脱粒。据吕昌文、修德仁等观察（1993年），属欧美杂种的巨峰品种从外部结构看，穗轴及果柄粗，但果刷小，果梗上皮孔大而多，而属欧洲种大粒品种的红宝石，则果刷大、皮孔相对稀而小（表5-1）。众所周知，采后葡萄果实的水分损失，大部分是通过果梗、穗轴蒸发掉的。因此，巨峰采后极易失水干梗，龙眼、红宝石等则有较强的耐干燥能力。

表 5-1　不同葡萄品种解剖学与采后失水

| 品　　种 | 纵剖面积（厘米²） | | | 皮　　孔 | | 贮 45 天果梗失水率（%） |
	果刷	果粒	比值	密度（个/厘米²）	直径（毫米）	
巨峰	0.12	5.13	2.26	46.44	9.73	57.40
龙眼	0.24	3.38	6.19	23.96	7.31	17.80
红宝石	0.21	4.83	4.35	31.25	6.71	15.30

注：1. 果刷面积：按测定时果粒拉出的表面组织剖面计算，包括维管束及其粘连的果肉。

2. 采后 0.018 毫米 PE 膜包装。

尽管美洲种或欧美杂种品种果实普遍具有较厚的果皮，这对提高果实在贮运过程中的耐压力无疑是有利因素。但果实的耐压力、耐拉力与果肉质地有更密切的联系。果肉脆的品种多归属于欧洲种品种，如意大利、粉红葡萄、红宝石、红地球、秋黑等。特别是其中果皮较厚、成熟较晚的品种，普遍耐运性较强。但美洲种品种经与欧洲种脆肉型品种多次杂交也产生了一些肉囊硬肉型的品种，如巨峰、黑奥林、先锋、伊豆锦、巨玫瑰、翠峰等。它们较美洲种或欧美杂种中软肉多汁类型的品种如：康拜尔、白香蕉、红富士、红伊豆、龙宝等耐贮运，但这些品种采后的生理特性则与欧洲种有较大差异，贮藏中必须针对它们的采后生理特性确定适宜的贮藏方法。

据测定，巨峰采后前几天（0～7 天），在常温（20℃）

条件下的呼吸强度较红宝石高 2.7～8.2 倍，较龙眼高2.2～6.6 倍（表 5 - 2）。采后巨峰耐拉力（443.3 克）较龙眼（336.8 克）高 106.5 克，贮藏 3 个月后巨峰耐拉力降至234.4 克，龙眼保持在 326.7 克，即贮后巨峰耐拉力下降47.1%，而龙眼仅下降 2.9%。

表 5 - 2　不同葡萄品种采后呼吸强度差异

[20℃，单位：CO_2 毫克/（千克鲜重·小时）]

品　种	采后 2 小时	采后 1 天	采后 3 天	采后 7 天
红宝石	0.21	0.10	0.26	0.22
龙眼	0.26	0.34	0.32	0.43
巨峰	0.57	1.06	2.13	1.14

（2）品种间对二氧化硫的敏感性差异。值得注意的是，不同品种的葡萄对保鲜剂在贮藏中释放的二氧化硫的敏感性差异很大。据高海燕、张华云等（1999 年，2000 年）对 10个品种葡萄在常温下二氧化硫伤害阈值（表 5 - 3）测定，欧洲种脆肉类的葡萄瑞比尔、红宝石、红地球、无核白鸡心、马奶葡萄等对二氧化硫极敏感，玫瑰香、龙眼、巨峰对二氧化硫不敏感，因此在贮藏过程中，必须根据其特点采用不同类型、不同剂量的保鲜剂处理。

表 5 - 3　不同品种葡萄在常温下的二氧化硫伤害阈值

品　种	瑞比尔	红宝石	红地球	无核白鸡心	马奶	巨峰	玫瑰香	意大利	龙眼	秋黑
伤害阈值 ［微升/（升·小时）］	200	200	500	600	900	5 000	7 500	7 500	7 500	12 000

（3）品种间果实结构差异与贮运性。葡萄表皮蜡质层是葡萄与外界接触的屏障，具有阻止病菌侵入、减少外界不良因素影响的作用。因此蜡质层结构直接影响果实的耐藏性及

对二氧化硫的敏感性。在贮藏中对二氧化硫敏感、果面上易发生漂白斑点的红地球葡萄果实表面蜡质排列松散，蜡质以大的、不规整片状结构存在，片与片之间有较大的空腔。而较耐二氧化硫的龙眼、巨峰、玫瑰香葡萄表面结构紧密，空腔小而少。果皮的结构不但与果实耐二氧化硫程度有关，而且直接影响葡萄的耐贮性。果皮较厚、韧性强、果粉多、蜡质层厚的品种贮藏或运输期间不易失水，不易碰伤、压伤，如粉红葡萄、红地球、红宝石等欧洲种品种，巨峰、黑奥林、密尔紫等欧美杂种品种。反之，果皮薄、脆、果粉薄的品种，贮藏或运输过程中易碰伤、易失水，如理查马特、牛奶、新疆的木纳格、红葡萄即属不耐贮运的品种，贮运中必须有较好的包装与衬垫和轻采轻放。

果梗、穗轴的组织结构以及果刷的大小也影响贮藏性：果梗、穗轴木质化、粗壮、被覆一层蜡质，无疑是有利于贮运的特征。而果梗、穗轴脆嫩的品种，贮运中极易从该部位折断或失水，一般这类品种果穗梗对贮运中施放的防腐保鲜剂的忍耐力也较差，极易产生果梗药害，牛奶、理查马特即属这类品种。龙眼品种有较长的果刷，并与果肉内的维管束紧密连接，故可明显提高果实的固着力。牛奶、理查马特等品种，果刷极小，刚采收的果实，其果粒与果蒂脱开处几乎看不见果刷，尽管这类品种果肉紧密，但贮藏、运输中常引起脱粒。

（4）品种成熟期与贮运性。通常晚熟、极晚熟品种比早、中熟品种耐贮藏与运输。在北方地区，晚熟、极晚熟品种的采收期均在晚秋，已接近早霜来临时期，果实的呼吸强度、酶的活性都已十分缓弱。采收后即便在常温条件下也有较长时间的鲜贮期。这类品种通常果皮厚韧，穗轴、果梗含蜡质，果实含糖较高。据修德仁在辽宁兴城观察，粉红葡萄采收后（9月下旬），裸露存放在北屋室内1个月，果梗仍脆绿，果皮不皱缩。

（5）向生产上推荐的耐贮藏品种。在生产中广泛应用于贮藏的晚熟、极晚熟的欧洲种品种有：龙眼、玫瑰香、甲斐路、粉红太妃、和田红葡萄、意大利等，近些年从美国、日本等国引进的红地球、秋黑、秋红、利比尔等已显露出较好的耐贮运特性，已引起北方各产区的广泛注意。美人指、木纳格、牛奶、理查马特等晚熟脆肉型品种，由于外形美观、果肉细腻、甜脆可口，极受消费者欢迎。尽管这类品种果皮薄，果梗脆嫩，但采用小包装加衬垫，精细采收，可用于短期贮藏。新疆、河北张家口等产地的鲜食葡萄进入我国东南沿海和东北大城市的鲜果市场，显露出较强的市场竞争力。

在无核品种中，新疆无核白、美国引进的克瑞森无核耐贮性较强。

在生产中广泛应用或有发展前景的用于贮藏保鲜的欧美杂种晚熟、极晚熟品种有：黑奥林、夕阳红、巨峰、先锋、京优、巨玫瑰、安艺皇后、高妻、翠峰等。这些品种抗病性较强，果粒硕大，食用时果皮与果肉易剥离，在日本及我国东部湿润、半湿润地区仍为主栽鲜食品种。应针对这类品种的生理特点，制定针对性的贮运保鲜技术方案。

2. 栽培技术对贮藏保鲜的影响　贮藏优质的葡萄才能获得好的贮藏效果。优质的栽培技术对葡萄贮运保鲜具有至关重要的影响。不良的栽培条件甚至会导致贮藏的失败，如贮藏期间出现裂果、干梗，果梗及果粒药剂伤害，腐烂、脱粒等都与不当栽培措施有关。

（1）果实负载量。从产量过高的葡萄园采收的葡萄用于贮藏，贮藏效果不佳，甚至导致失败。在南方巨峰高产园常常出现不上色的"绿熟"现象，在北方出现"赤熟"现象。在巨峰及巨峰群品种的表现是：上色差、含糖量低，采收时果粒皱缩，软化无弹性，甚至落粒。龙眼品种表现果穗下部果粒变软，糖低酸高，出现"软尖"。玫瑰香则出现"水罐子"病。据对不同品质的龙眼果实贮藏性状的调查，果实含糖量低于13%的高产葡萄几乎失去贮藏的商品价值。1995年，北方出现冷夏天气，对于积温本来就不充足的河北省怀来、涿鹿龙眼产区，高负载无疑是雪上加霜，多数龙眼贮藏户不得不于新年前后将贮藏果抛售出去，个别延迟销售的贮户，漂白果粒高达30.96%以上，烂粒、脱粒也较重，几乎失去商品价值。

据辽宁北宁董凤香等（1994年），连续三年对产量相对较低的优质园和高产园巨峰贮藏效果的调查（表5-4），适当降低亩产量，保证果实质量，是搞好葡萄贮藏的重要保证条件。用优质果贮藏不仅好果率高，而且贮期也可明显延长。据北宁市经验，高产巨峰园的果实能贮存3～4个月，而优质园的果可贮藏5～7个月。

表5-4 巨峰果实负载量与贮藏效果调查

年份	亩产（千克）	粒重（克）	可溶性固形物（%）	贮藏120天（%）		
				损耗率	果梗保绿率	好果率
1991	1 750	11.5	16.9	4.9	80.0	95.0
	2 450	9.8	15.1	15.0	76.0	85.0
1992	1 745	11.9	17.2	5.2	92.0	94.8
	2 585	9.2	15.0	13.0	73.0	87.0
1993	1 740	12.1	17.0	8.0	95.0	92.0
	2 820	9.5	14.5	1.80	82.0	82.0

2005年，上海市葡萄研究所将巨峰葡萄单位面积产量控制在750～1 000千克/亩，果实色泽达到黑色标准，含糖

量达17度。8月入贮至12月上旬，仍新鲜如初。上述情况表明，控产栽培是贮葡萄的重要栽培环节。

（2）多施有机肥，多施磷、钾肥。科学施肥是保证葡萄正常生长的关键。在葡萄生长过程中应注意增施有机肥和合理施用化肥。只有在适宜营养条件下生长的葡萄，才有优良的品质、耐贮藏和运输，否则果实易出现采后生理失调。氮肥是保证葡萄产量的重要元素，但过量施用氮肥会造成葡萄颜色差，使采后的葡萄呼吸强度大、代谢旺盛，在贮藏过程中糖酸含量及硬度下降快，加快了葡萄果实的衰老。葡萄是"嗜钾素植物"，浆果上色始期追加硫酸钾、草木灰或根外追施磷酸二氢钾（0.1%～0.3%），可使果粒饱满、风味好、果梗鲜绿，有利于果实增糖、增色和提高果实品质，果实贮藏效果好。在此期间如追施尿素，果实在贮藏中果粒约50%以上失水变软，果梗大部分变褐，且腐烂率高。磷、钾充足能促进果实成熟度一致、着色早、果粉能充分形成、果实含糖量高。据大量实验的结果，上色始期追施钾肥，可提高果实含糖量0.5%～1.5%。据辽宁省北宁市果树局的调查，以秋施有机肥为主，并在着色期每亩追施硫酸钾25千克，混施2 000千克有机肥，全年各次追肥以复合肥为主，浆果含糖量比施氮肥为主的葡萄园高2.5度，并明显提高巨峰葡萄的果肉硬度，延长贮期1个月左右。辽宁铁岭市王文选的巨峰葡萄园不施氮素化肥，只施酵素菌肥、有机肥、绿肥，并严格控产、整穗，每穗30粒左右，秋季采收时果实含糖量达18%以上，贮期延长，售价较普通巨峰高3倍。

（3）增施钙肥。与苹果、梨等果实相比，葡萄浆果在成熟时的缺钙更加突出。钙元素对果实品质和耐贮性的影响越来越受到人们的关注，钙能抑制果实的呼吸作用，延迟果实的衰老，钙能保持细胞结构的完整性，由此提高果实对低温、不良的气体成分和其他逆境的适应性，钙能够抑制一些生理病害的发生。

为了贮藏的目的，在浆果采收前专门对果实进行喷钙是很有必要的。吕昌文（1990年）利用0.5％、1.0％、1.5％硝酸钙溶液采前喷布粉红太妃和龙眼葡萄果穗。结果表明：所有处理均能提高葡萄的耐藏力，以晚期1.5％浓度综合效果较好，葡萄损耗率分别减少76.2％和64.3％。另外钙处理能降低粉红太妃葡萄的二氧化硫伤害率。一些研究表明，采前30天对葡萄喷布1.2％的氯化钙，能够明显提高玫瑰香和意大利葡萄的耐贮性。

（4）均衡供水，控制采前灌水。土壤水分的供给对葡萄的生长、发育、品质及耐贮性有重要的影响。要进行贮藏的葡萄，生长期应避免灌水太多而引起葡萄含水量太高、耐贮性下降。在多雨年份，叶片蒸腾小，根系吸水多，促使果肉细胞迅速膨大，从而引起葡萄裂果。

葡萄采前灌水，会增加葡萄的含水量以及病菌侵染量。葡萄采收时易受到机械伤，因此作为贮藏用的葡萄要求采前半月不能灌水。据辽宁省北宁市田素华的调查（1990年），采前半月内灌水，明显缩短贮藏期和增加损耗率。李喜宏1994年对辽宁海城某冷库的调查，采前涝害导致巨峰出现贮藏期大量裂果，果粒及果梗抗二氧化硫的能力显著下降。据修德仁观察，浆果花后坐果期及浆果第一次生长发育期干旱，后期灌溉过多或后期多雨，会导致贮藏果出现裂果现象。因此，栽培者要合理灌水，特别要注意从萌芽到浆果硬核期的土壤水分均衡。后期雨水偏多，要及时排涝，也会明显缓解贮藏期出现裂果现象。

（5）修剪、整形与树势均衡对葡萄贮藏性的影响。修剪可以调节果树各部分的生长平衡，使果实获得足够的营养，因此修剪也会间接地影响果实的耐贮性。

疏花疏果和摘心的目的也是为了保证叶、果的适当比例，调整好生长与结果的关系，以保证果粒的增大和品质优良。一般说来，每个果实分配到的叶片数多，含糖量就会高一些，耐贮性增强。

据修德仁1987年对山东某乍娜葡萄园的调查，在相同产量水平条件下，花前摘心不及时，会导致果皮细胞分裂与果肉细胞分裂速度的不均衡而引起严重裂果。据辽宁北宁果树局经验，花前对巨峰结果新梢花序上留2叶及早摘心，花期前后控制副梢生长，坐果后再放副梢叶片，每个结果新梢形成多级次的叶片营养团，不仅坐果好、果穗紧凑，而且果实含糖量较长留轻摘心的提高0.5～2.0度，上色深而且均匀，耐贮性明显提高。通过整形与修剪，保证树势中庸健壮，架面通风透光，也是十分重要的技术措施。生长势过旺、架面郁蔽的葡萄园采摘的葡萄不耐贮藏。

江苏省镇江市采用日本巨峰栽培技术，通过肥水和树体枝展范围来使树势达到中庸状态，新梢生长不过强旺，也不过弱的中庸状态，使树体营养在花期前后和果实生长与熟期能集中到果穗上，这种均衡树势的栽培管理技术被称为"树相栽培"。该项技术在巨峰葡萄贮藏主要产区——辽宁省北宁市推广也明显提高了巨峰葡萄的贮藏性。

（6）套袋对葡萄贮藏性的影响。果穗套袋对减少农药污染、改善果实的外观品质已众所公认。套袋能提高和延长贮藏期的最直接原因是，阻隔了田间各种病菌对果实的污染，使入贮后果实所携带的田间病菌量明显下降。很多田间病害也是低温贮藏期间的病害，如灰霉病、炭疽病等。有些病菌在田间危害时通常不危害果实，如霜霉病多以后期危害叶片为主。但在贮藏条件下，后期叶片霜霉病较重的葡萄园，其入贮果实上常常潜伏大量的病菌，导致入贮后果梗的干枯。套袋果穗不仅能减轻霜霉病等田间病菌的危害，同时对根霉、青霉等贮藏病菌也起到了相当程度的阻隔作用。据修德仁对套袋巨峰与不套袋巨峰果贮藏 120 天后在 10℃ 左右条件下观察（封袋并有保鲜药剂），不套袋果 1 周后开始出现大量霉变腐烂，而套袋果则在 15 天以后才开始出现霉变和轻微的腐烂，霉变部位起始于套袋口的穗梗部位，但发病速度较为缓慢。

套袋果不仅在田间有减轻和防止裂果的作用，贮藏期间的裂果也相对较轻。据王文选观察认为，2000 年辽宁葡萄在生长期普遍遇到了长期的干旱，果实成熟期又遇几场雨，在采收期及入贮后大量出现裂果，而套袋果无论在采收时还是在入贮后几乎没有裂果。

一般认为，套袋将影响果实的增糖。但实践证明，由于葡萄袋透光较多，对葡萄增糖影响不大。在气候冷凉的地区，套袋的果穗处于温度相对较高的微气候环境状况下，对降低果实内的酸度有明显效果。

套袋能显著提高果皮对光的反应敏感度，因此，揭袋后，果实花青苷合成特别迅速。通常，葡萄在揭袋后 10～15 天果实着色即超过不套袋果穗，而且上色均匀、色泽鲜亮。

因此，果实套袋可以防病，减少田间带菌量，提高贮藏效果，属葡萄无公害贮运保鲜在采前不可缺少的技术环节。由于套袋果实果面光洁鲜亮，明显提高了采收期及贮藏后的销售价格。在生长期多雨的日本葡萄产区，几乎所有的鲜食葡萄都进行坐果后的套袋作业。目前，在我国南方多雨区及东部环渤海产区正在兴起葡萄套袋热，这对提高葡萄品质，生产无公害葡萄，提高贮藏效果，增加农民收入都是十分有益的一项技术措施，值得大力提倡。

（7）生长调节剂对葡萄品质和贮藏性的影响。近几年来，随着葡萄产量的提高，葡萄色泽越来越差，栽培者广泛使用催色素（乙烯利等），以此来掩盖内在品质的不足。据国家农产品保鲜工程技术研究中心 1998 年对巨峰主要产区辽宁的调查，巨峰葡萄生长过程中催色素的应用范围达50％以上，乙烯利是促进果实成熟和衰老的重要激素，它将导致葡萄穗轴、果梗衰老变黄、果肉变软和果粒脱落。采前催色素用量浓度越大、次数越多，距采收的时间越近，对葡萄的贮藏品质影响越大，落粒越严重（表 5-5）。

表 5-5　采前激素处理对巨峰葡萄贮藏性的影响

（张华云，修德仁，1998）

催色素浓度（倍数）	用药次数	用药时间（月/日）	贮后浆果落粒数（％）
2 500	1	7/5	5.6
3 000	1	8/17	6.7
7 000	2	8/5、8/20	6.5
750～1 250	5	7 月初开始用药	50.0
对照	—		0.1

在辽宁省辽阳市等地，近年广泛推广用赤霉素等激素诱导巨峰无核化，据 1997 年对巨峰无核果和对照果的贮藏试验，无核化处理后的巨峰果普遍果刷变小，贮藏中容易脱粒。

近年，赤霉素被广泛应用于果穗过紧型品种的花前花序拉长，如红地球品种及部分无核品种。果穗过紧，常常造成贮藏期间因果穗心部湿度偏大而先出现"烂心"腐烂。同时，果穗过紧也会造成靠近果穗轴的果粒上色不好，品质下降。红地球葡萄于花前当花序长至6～10厘米时用5毫克/千克浓度的赤霉素浸花序或喷花序，将花序拉长到40厘米左右，然后去掉下部花序分枝和上部1～2个大花序分枝，只留6～8个中上部分枝，每穗留果粒数在60～80粒，这样既可保证果穗松散，大小较一致，便于包装和包装标准化，又可保证果粒增大和粒粒上全色，使每个果粒都处于相似的较干燥的微环境下，从而有利于葡萄的贮运保鲜。赤霉素属葡萄生长中自然能生成的内源激素，少量与合理使用是无公害食品所允许的。生产上存在过量使用，用来增大果粒，但却导致果梗明显硬化，不仅会给包装带来困难，引起贮运期的落粒，同时也受到消费者的排斥。

3. 病虫害防治 很多葡萄田间病害也同属采后贮运期间的病害。如灰霉病既会引起巨峰等品种的花序腐烂和果实成熟期腐烂，也是贮运保鲜过程中引起腐烂的最主要致病微生物。因此，采前病虫害防治也是贮藏保鲜的关键技术之一。另一方面，从葡萄无公害贮运保鲜角度，采前病虫害防治好坏、用药是否得当也是最主要的问题。

（1）抓住关键防治点。灰霉病于葡萄开花前开始危害花序，其侵染期在萌芽后2～3叶期和开花前的花序分离期。北方地区春季和夏初通常雨水偏少，这两个时期一般不打药防病，这不仅会导致烂花序的灰霉病的发生，而且灰霉病还会借助花的柱头侵入果内，引起葡萄果实成熟期灰霉病发生，即便成熟期不表现症状，入贮后也会在高湿低温条件下发病。因此，抓住这两个关键防治点再辅以果实套袋前的合理用药则是采前防治灰霉病的重要关键。

霜霉病和炭疽病也会分别在贮藏中引起果实干梗和果粒上出现炭疽病缓慢扩延的情况，前者在入贮后的巨峰上发病大约在入贮后2个月左右；后者在贮后4个月左右，如果贮藏温度偏高，则会提前发病。两种病害大发生期主要在果实成熟期，但也不可忽视花前侵染潜伏的问题。

（2）病虫害的间接影响。霜霉病大发生引起早期落叶，果实含糖量下降，入贮后2个月左右出现裂果；白粉病及采前肥水管理不当引起裂果导致酸腐病等弱寄生菌——醋酸菌、酵母菌的侵染，也会加剧贮藏果的裂果、褐变，为贮藏期间灰霉病大发生和保鲜药剂引起的二氧化硫伤害创造条件。

（3）严格控制有机农药使用。要加强葡萄秋季落叶后及葡萄出土后石硫合剂等矿物源铲除剂的应用；尽量多用防护药剂，如矿物源型的波尔多液，坚持预防为主；要加强农业防治，包括增强树势，降低果实负载，改善风光条件；多雨区的遮雨设施栽培及果穗套袋等。通过上述技术措施以减少有机农药的使用量，杜绝果实上色后使用有机农药，才能保证果实的食用安全。

二、葡萄贮藏的环境条件

采收后的葡萄生命活动快慢受贮藏环境中的各要素——温度、湿度、气体、微生物及人为活动的影响。适宜的贮藏环境，有利于抑制葡萄生命活动，使葡萄在长期贮藏后仍然新鲜如初。反之，任何一个要素不适宜，都能导致贮藏的失败。

1. 温度 温度是贮藏环境中最重要的环境因子。贮藏温度对葡萄生理活动影响很大。贮藏环境温度高，葡萄呼吸强度大，果胶酶、纤维素酶以及其他与衰老有关的酶活性增高，果实在贮藏过程中品质衰变快，果实衰老速度加快；贮藏温度高，微生物的生长与繁殖速度快，葡萄很快霉变和腐烂。

（1）温度与微生物。葡萄的腐烂取决于微生物生长活动能力，温度影响真菌病原孢子萌发和侵入速度。各种真菌的孢子都具有其最高、最适及最低萌发温度，例如灰霉葡萄孢子接种在无核葡萄品种上，0～30℃均可发芽，18℃为适温，在15～20℃大约15小时孢子就可萌发，在10℃下孢子萌发大约需要4～5天，在0～2.2℃，孢子7天才萌发。低温环境有利于抑制真菌孢子萌发和菌丝生长，减少侵染并抑制已形成的侵染组织的发展，也抑制果实的衰老，保持葡萄具有较强的抗病能力，可以最大限度地减少腐烂。但是，许多病原真菌孢子萌发及菌丝生长，在温度低于5℃或0℃时仍能生长，已经萌发的孢子可以在稍低于0℃时缓慢生长，因此低温不能完全阻止贮藏病害的发生。在低温贮藏环境下，特别是在0℃左右的温度范围内，虽然温度变化只有1～2℃，但对病原真菌的生长即已发生明显的影响，要比其他任何温度幅度波动的影响更明显。在2℃贮藏条件下，与0℃贮藏条件比较，0℃贮藏条件与－2℃比较，灰霉葡萄孢子生长速度差异非常明显。在－2℃低温条件下灰霉葡萄孢子生长极为缓慢。这表明贮藏温度应尽可能控制在较低水平才能较好地抑制霉菌，但还需要其他贮藏条件的紧密配合。

（2）贮藏温度的确定。综上所述，葡萄应在不发生贮藏冻害的前提下，贮藏在临近冰点的最低温度下。所谓冻害是指当果实在其冰点以下的温度时由于冻结所出现的伤害。不同葡萄的冰点温度的数值不甚一致。有人认为是－2℃，有人认为是－3℃或再低些。贮藏实践表明，龙眼葡萄的果梗在－2℃会发生冻害。葡萄的冰点温度的确定随葡萄种群、品种以及栽培条件、葡萄成熟度而不同，同时与葡萄浆果中可溶性固形物的含量、穗轴以及穗梗等木质化程度密切相关。果实可溶性固形物含量低、穗梗木质化程度低的葡萄，其冰点温度要略高。

在0℃以下的冰点温度下贮藏可有效抑制果实的呼吸强度、酶的活性，抑制霉菌的发生。吕昌文（1992年）对多个冷库的库温调查，河北省某冷库贮藏巨峰温度为2℃，其贮藏果腐烂率较0～1.5℃冷库高20倍。因此，从采后生理特点分析，巨峰对贮藏温度的要求比龙眼葡萄严格。应选充分成熟的含糖量超过17度的巨峰葡萄，在－1.5～－1℃条件下贮藏，效果最佳。在传统的葡萄贮藏方法中，果农认为贮藏葡萄的最佳温度是－1℃左右，即将一碗水置于贮窖内，碗的上层水结冰，用手指一触即破为最适温度。传统贮藏通常选择极晚熟耐藏的龙眼或其他欧洲种东方品种群品种。据崔子成、田素华的调查（表5-6），0℃以上窖温贮藏巨峰葡萄，干梗率高达20%～35%，果粒变软，贮藏期只有90～120天；但过低的温度（－4～－2℃），果梗会有冻害发生。因此，认为葡萄的最低贮藏温度为－1～0℃。

表5-6　不同温度对巨峰葡萄贮藏效果的影响

温度（℃）	果粒	果梗	落粒率（%）	腐烂率（%）	裂果率（%）	好果率（%）	贮藏天数（天）
3～4	软	35%干褐	1.4	3.0	5.0	90.6	90
1～2	稍软	20%干褐	1.5	2.5	3.5	92.5	120
0～1	饱满	鲜绿	0	1.2	0	98.8	150

确定葡萄贮藏温度时必须考虑如下因素：

①欧美杂种品种比欧洲种较耐低温。巨峰、夕阳红、黑奥林等贮藏库温度为 $-1\pm0.5℃$。在葡萄来源属于高产量、低质量的情况下，库温为 $-1.5℃$ 也会发生轻微冻害，特别是靠近冷风机的葡萄更易出现冻害。

②欧洲种晚熟、极晚熟品种。如龙眼，在长城以北地区成熟和采收时已近晚霜，甚至可在轻霜后（不低于 $-1℃$）采收，贮藏温度为 $-0.5\pm0.5℃$ 对贮藏有利。

③中早熟品种耐低温能力不如晚熟、极晚熟品种；亚热带（长江流域）或温室葡萄不如温带采收的葡萄耐低温。果梗脆绿，果皮薄，含糖量偏低的品种如牛奶、理查马特等耐低温能力差些，宜 $0\pm0.5℃$ 贮藏。据国外经验，含糖量低的品种在 $-1.6℃$ 下出现冻害。

④在无单一预冷库的情况下，通常用于贮藏的葡萄直接进入普通冷库预冷。在果实品温未达到 $0℃$ 以前，可将前期冷库温度降至 $-2\sim-1℃$，果实品温达到或接近 $0℃$，必须立即提升冷库温度至品种所要求的贮藏温度，并要注意冷库不同部位温度的差异问题，不能冻坏葡萄。

葡萄对低温的承受能力较苹果、梨等水果敏感，所以冷库温度的波动大，对葡萄贮藏十分不利。保持稳定的冷库温度是贮藏葡萄的关键技术之一。

2. 湿度 与苹果、梨比较，葡萄更易在贮藏中失水。贮藏环境保持一定湿度是防止葡萄失水、干缩和脱粒的关键。湿度与霉菌滋生是一对矛盾，高湿度有利于葡萄保水、保绿，但易引起霉菌滋生，导致果实腐烂；低湿可抑制霉菌，但果实易于干梗失水和脱粒。传统的葡萄贮藏技术是不使用防腐保鲜药剂，所以更要严格控制湿度，甚至采取"干梗贮藏"法贮藏龙眼葡萄，以延长贮藏时间。据国外的经验，欧洲种葡萄在相对湿度 $80\% \sim 85\%$ 条件下自然损耗达 $12.4\% \sim 16.4\%$，在使用防腐保鲜剂的条件下，贮藏欧洲种品种葡萄的相对湿度可调节至 $92\% \sim 95\%$。

如前所述，美洲种或欧美杂种品种（如巨峰、康拜尔）需要更高的湿度保证贮藏果不致于干梗脱粒。辽宁北宁市大量贮藏巨峰的经验表明，用纸箱或木箱包装，内衬塑料袋条件下，在贮藏期间可见到袋内轻微雾状结露现象，如能使用效果较好的防腐保鲜剂，巨峰可贮藏至翌春，此时袋内空气相对湿度接近或达到 100%。沈阳农业大学马岩松教授在辽宁海城冷库贮藏的巨峰，严格控制塑料袋内的湿度以不出现结露为度，相对湿度在 95% 以上，这种巨峰果穗出库时，外表干爽，有更好的商品性和货架期。

综上所述，欧洲种葡萄较耐干燥，要求贮藏库或塑料袋内相对湿度达 $90\% \sim 95\%$ 为宜；美洲种或欧美杂种能忍耐较高的湿度，湿度过低会引起干梗，相对湿度应为 $95\% \sim 98\%$，以不出现袋内结露为宜。

3. 气体 随着气调贮藏在苹果等水果上的广泛应用，葡萄气调贮藏越来越引起人们的关注。国外的不少试验结果表明，葡萄在气调贮藏条件下，由于降低了 O_2（氧）和提高了 CO_2（二氧化碳）含量，交链孢霉属、曲霉菌属和青霉菌等真菌受到明显的抑制，果实的呼吸作用及酶活性都得到抑制，从而使贮藏期延长。试验指出，同样的葡萄品种，采用气调贮藏可贮 6 个多月，而在普通大气中（21% 的 O_2，0.3% 的 CO_2）只能贮 3.5 个月。前苏联学者 B. A. TYPOUH（1980—1982 年）的试验结果表明：玫瑰香最佳气体组成 CO_2 8% 和 O_2 $3\% \sim 5\%$；意大利品种为

CO_2 5%～8% 和 O_2 3%～5%；加浓玫瑰为 CO_2 8% 和 O_2 5%～8%，对 10 多个欧洲品种气体试验结果表明，CO_2 范围为 3%～10%，O_2 为 2%～5%。总之，只要气体成分适合，任何品种的葡萄在气调贮藏条件下，都有更理想的效果。

近几年，国内的学者对葡萄的气调贮藏进行的研究表明，巨峰葡萄适应低 O_2 和高 CO_2 的环境，最佳气体成分大致为 5% O_2 和 8%～12% CO_2；保尔加尔以低 CO_2（3%）和高 O_2（10%）的综合处理效果好；红地球气调贮藏所需气体组合为 2%～5% O_2＋5%～8% CO_2 效果最好，但发现气调库的果实中乙醇含量均高于对照。延迟采收的天津汉沽区玫瑰香葡萄，适合高 CO_2 和高 O_2 贮藏，适宜的气体指标是 10% O_2＋8% CO_2。玫瑰香品种对低氧较敏感，当 O_2 浓度为 5%以下的条件下贮藏 120 天引起浆果中乙醇含量明显升高。

目前，生产中采用的 PVC 和 PE 塑料小包装进行冷藏，是一种简易的气调贮藏技术，也是我国葡萄气调贮藏的主要贮藏方式。此方法贮藏的葡萄，所处的气体成分主要由保鲜袋的透气性来决定。对巨峰葡萄贮藏性试验表明：0.05 毫米厚的 PVC 葡萄专用保鲜袋能够保持袋中高的二氧化碳浓度和较低的氧浓度，二氧化碳浓度可达 7.8%，并使贮藏的巨峰葡萄果梗鲜绿，无明显失水现象，好果率高，脱粒率低。目前生产上大量应用的普通 PE 膜袋内二氧化碳的浓度只有 3.3%，氧气浓度则高达 17.4%（表 5-7）。由于高氧和低二氧化碳加速了浆果的衰老以及穗轴叶绿素的分解，因此穗轴易变黄，脱粒率和穗轴失水率较高。这就是为什么当前各地贮藏的巨峰葡萄果梗普遍保绿差的原因之一。

表 5 - 7　不同包装材料对葡萄贮藏的影响

（1998 年 12 月 26 日，北宁市，盖州市）

袋种类	厚度（毫米）	扎口方式	气体成分		果梗			果粒	
			O_2	CO_2	色泽	失水率（%）	好果率（%）	脱粒率（%）	腐烂率（%）
PVC	0.05	绳扎	10.0	7.8	鲜绿	0	99.2	0.11	1.03
PVC	0.04	绳扎	12.0	6.4	鲜绿	2.1	96.7	0.56	1.25
PE	0.035	绳扎	14.2	5.6	绿	4.1	94.0	1.10	1.48
PE	0.025	绳扎	16.0	3.3	黄绿	8.5	89.6	2.03	2.30
PE	0.025	抿口	17.4	2.8	黄绿	11.1	84.2	2.40	3.10

综上所述，气调贮藏对葡萄贮藏保鲜具有一定的意义，但是不同的品种对气体的适应性不同。表 5 - 8 是笔者根据国内外研究情况，提出几个品种适宜的气体指标，供参考。

表 5 - 8　不同葡萄品种贮藏所适宜的气体成分

品　种	O_2（%）	CO_2（%）
龙　眼	3～5	5～8
巨　峰	3～4	5～6
马　奶	5～8	2～3
秋　黑	2～3	5～6
红地球	2～3	5～8

需要指出，高 CO_2 和低 O_2 虽可明显抑制果实的呼吸作用和抑制霉菌，但若超过果实的忍耐值则会出现二氧化碳伤害和无氧呼吸引起的伤害。实践证明，充分成熟的优质葡萄在贮藏温度较低时（接近冰点温度），其对高 CO_2 和低 O_2 的忍受能力可明显提高。

需要指出，用再生塑料生产的 PE 膜（聚乙烯膜）和填充料不当的 PVC 膜（聚氯乙烯膜），都可能污染果实。贮藏葡萄应购买符合绿色保鲜材料标准的正规厂家的产品，要对消费者的食品安全负责，也要防止因市场禁入给自身带来巨大的损失。

4. 贮藏病害

（1）真菌病害。葡萄果实，在采收、分级、包装、运输、贮藏或进入市场的过程中，极易受到机械伤害，在贮藏过程中又易受到各种霉菌的侵染。因此，防腐保鲜贮藏对葡萄大规模贮藏而言是极重要的技术环节。侵害葡萄的霉菌大多属于真菌类。葡萄采后通常见到的病害有：灰霉引起的灰霉软腐病；根霉引起的黑腐病；黑曲霉引起的黑粉病；交链孢和葡柄霉引起的黑斑病；多主枝孢引起的腐烂；以及青霉引起的青霉病等。芽枝霉、交链孢、葡柄霉、根霉、黑曲霉易在果柄基部发病，葡萄球座菌仅在果皮发病。在 18℃ 以上的温度条件下，根霉发病严重，次之为黑曲霉；10～18℃下黑曲霉发病程度高于根霉和青霉。低温下灰霉和交链孢霉为致病优势病菌，青霉次之。

由于气候条件、栽培措施、空气污染以及病原种群生态等诸多因素的影响，每年各地的病害发生与流行是不相同的。另外，不同地区、不同栽培品种也存在着差异。因此，葡萄贮藏保鲜时应根据具体情况做出相应的防腐保鲜措施。下面介绍几种主要的贮藏病害：

①葡萄灰霉病。由于灰霉菌在 -0.5℃ 条件下仍可生长，因此，它是葡萄低温贮藏中的主要病害，也是鲜食葡萄贮藏中最具毁灭性的病害。葡萄对此病抵抗能力很弱，各种葡萄皆易感染。灰霉病在葡萄园的危害近年有加重的趋势，易在被侵染植物的侵染部位先形成青色的菌核，这些菌核能在干燥或不利的条件下存活。菌核在潮湿的条件下萌发产生大量的灰色孢子，这些孢子能侵染幼芽、花和浆果。近年我国南方地区田间灰霉病超过黑痘病，成为南方主要的葡萄病害，

对南方葡萄贮藏带来更大的难度，应引起注意。我国设施大棚、日光温室葡萄栽培发展迅速，而灰霉病又是主要病害，被称为"温室病"。寒冷地区以设施栽培极晚熟葡萄品种，实现延迟采收，当这些葡萄用于贮藏时，需特别关注灰霉病的可能大发生。

症状：灰霉病侵染果皮会有明显裂纹，腐烂仅限于表皮和亚表皮细胞层，用很小一点点压力果皮即脱离染病部位，这是早期侵染灰霉病的特征。随后，真菌通过开裂处形成灰色分生孢子梗和孢子，但在冷藏条件下菌丝体呈白色，而不像田间那样呈灰色。果实腐烂表现为明显的水浸状，以后变褐色。在潮湿的条件下腐烂表面产生淡红、浅灰色或褐色柔绒状的霉层。如果冷藏期间未用防腐保鲜剂，此病会蔓延扩散，直至包装箱内葡萄全染病为止。

传播途径及发病条件：灰霉菌常潜伏侵染，有几种形式，一种是花前和花期侵染葡萄开花的柱头，潜伏在坏死的柱头和花柱组织中，直到果实成熟和贮藏过程中病菌才发展。另一种是在接近成熟时被侵染。在葡萄表面角质层内形成附着孢，形成潜伏侵染，直到浆果完全成熟才萌发致病。灰霉孢子还可以通过机械伤等形成的伤口侵入浆果的角质层和表皮层。灰霉病菌主要以菌核和分生孢子在病果、病株等病组织残体中越冬；分生孢子借气流传播。若多年用于贮藏葡萄的冷库在葡萄入贮前不进行消毒，以及在敞口预冷期间，散落在冷库内的病残果，均会成为侵染源和造成再次侵染。巨峰等品种花期侵染则表现为"烂花序"，但多数品种此期仅侵染而不表现出症状，直至果实成熟期才表现症状，有"三次侵染，二次表现"的情况。

防治方法：灰霉病属田间及贮藏中易发生的葡萄病害，

所以此病的防治必须从田间做起。a. 葡萄采收后，结合秋季修剪，将葡萄架下的病组织残体（包括病果、病枝、病叶等）清扫干净，集中烧毁或深埋。b. 加强栽培管理，多施有机肥，增施磷、钾肥，控制速效氮肥使用量，防止枝条徒长；合理修剪，保持园内通风透光。c. 开花前和果实采收前喷药剂，可有效减少病源，控制灰霉病的发生。可选用50%扑海因可湿性粉剂1 500倍液，或50%苯菌灵可湿性粉剂1 500倍液及特克多、戴唑霉等药剂防治灰霉病。葡萄坐果后对果穗全面喷布一次杀菌剂，并立即套袋，实施物理隔离。贮藏用的葡萄采收前1～2天左右，喷一次CT果蔬液体保鲜剂效果更好，以减少入贮葡萄的带菌量。但此次用药决不允许使用田间一般防病农药，这类农药在低温贮藏条件下分解很慢，会直接威胁到消费者的安全。d. 搞好贮藏场所和用具的消毒。消毒方法参见机械冷藏库库房消毒部分。

采前因素对贮藏期间葡萄灰霉病的发生率影响很大，采前降雨特别是采前1个月降雨量大成为灰霉病发生的重要因素。贮藏期间使用防腐保鲜剂，目前在国内外主体防腐保鲜药剂还是亚硫酸盐型保鲜剂，尚无更有效的防腐保鲜剂能替代它（见防腐保鲜剂部分）。

②葡萄青腐病。病原菌为青霉菌（*Penicillium* sp.），为贮藏和运输中的一种病害，巨峰、马奶、木纳格葡萄易感此病。

初期病原菌在葡萄上形成2～8毫米水浸状圆形凹斑，果面皱缩，果实软化，腐烂组织有一种发霉的味道。初期霉菌菌丝为白色霜状物，而后形成子实体或孢子而呈青色霉状物。

葡萄青霉菌为典型的腐生菌，寄生于死亡的植株、病残果实或库房内果实残体上，以分生孢子进行传播和侵染。孢子通过风、雨、水、昆虫等传播，通过采收或采后过程中果实表面形成的伤口或从果梗侵入，并有青色霉状物，深入果实中引起腐烂。在 $10\sim18℃$ 条件下的运输过程中和 $0\sim10℃$ 贮藏的葡萄上发生较多。青霉菌在 $0℃$ 以下低温发展缓慢。低温贮运、防腐保鲜剂应用及精细采收与贮运是防止青霉菌危害不可忽视的措施。

③黑根霉。病原菌为黑根霉。病原菌不能在 $-0.5\sim0℃$ 条件下生长。它是高温运输与存放或土窖贮藏时常出现的病害，为高温高湿贮运中的第一大病害。常见于马奶、无核白等葡萄品种的常温运输中。

发病初期菌丝侵入果实，先出现褐色水浸状斑，后果实流汁、软烂，果皮易脱落，病组织可迅速感染健康组织。发病果实上长出有绒毛状灰色黑头菌层，故称黑霉。病菌子实体出现之前，症状类似青霉菌引起的青腐。

病菌生活在土壤或植物残体中，其孢子借空气传播。初侵染多通过伤口进入，可迅速传播侵染邻近的健康果实。

降低贮藏温度，防止果实碰伤和 SO_2 防腐对黑根霉侵染均有明显的防治效果。采后葡萄迅速预冷可大大降低因黑根霉所引起的腐烂。

④黑粉病。由真菌黑曲霉引起，是高温高湿贮运的第二大病害。虽然其致腐速度不如黑根霉，但它耐 SO_2 保鲜剂的能力要比黑根霉强。因此，在黑根霉被抑制的情况下易发生黑粉病。冷藏条件下一般不发病。黑粉病能引起葡萄组织非水浸状的腐烂，组织褐变，病斑先滋生白色菌块，后长出明显的淡黑色分生孢子，多发生在葡萄果柄基部或果粒伤口处。保持低温环境和应用保鲜剂均有一定防治效果。

⑤黑斑病。是由真菌引起的病害，主要有多枝孢霉、交链孢霉和葡柄霉，是葡萄贮藏后期的重要病害。各品种葡萄都易发此病，其中以欧洲种葡萄发病为重。病菌主要由采前经田间侵入，在 $1\sim2℃$ 的冷库中仍然能发病。初期发病果实上有不规则近圆形浅褐色斑，表面光滑干燥，后形成黑色或浅绿色霉层；多发生在穗梗、果梗基部及果粒侧面，并使果梗迅速失水、干缩、失绿，易侵入果刷而导致果实落粒。枯死的花易被侵染并成为传播源，孢子借空气传播。即使在无雨的条件下，病菌也能直接侵入健康的成熟果实组织，潮湿条件下会大量发病。

（2）生理病害。

①裂果。裂果是葡萄贮藏过程中最易发生的一种生理病害，多发生在果顶或梗附近。粉红葡萄、红马拉加和无核白、乍娜、理查马特、美国黑大粒等易发生裂果。采前灌水或成熟期多雨，即使果皮较厚的巨峰葡萄在贮藏期间也会发生裂果，随贮藏期的延长而加重。此病应通过栽培措施加以克服。开裂的果实在贮藏过程中不但本身易腐烂和发生漂白斑点，而且由于裂果造成"保鲜剂局部积累过多"，其余部分葡萄周围"药劲不足"。防止贮藏期裂果的主要办法是：花期到果实采收期保持土壤水分均衡，防止忽干忽湿；合理修剪，防止过量结果；实施果实套袋；降雨量大的年份或者生长前期、干旱后期降雨量大的葡萄，应延迟采收与延长预冷时间；搞好田间病害防治，防止霜霉病引起的早期落叶及白粉病等引起裂果的发生，严禁裂果的葡萄入库贮藏；降低贮藏过程中保鲜袋内的湿度；采收及贮藏过程中轻拿轻放，防止挤压、颠簸，包装容量不易过大，应以 5 千克以下为宜。

②冻害。北方地区，晚熟、极晚熟品种会受各种因素影

响而采收期推迟，常会在晚秋遇到早霜冻。虽然略低于冰点的温度并不伤害果实，但可使果梗变成深绿色，呈水渍状态，贮藏时易受防腐保鲜剂释放的二氧化硫（SO_2）侵害，出现浅褐色腐烂，最后造成果梗干缩变褐。果实受冻呈褐色、蔫软，或渗出果汁。冻害还导致霉菌的侵染，引起霉变腐烂。冻害既可能发生在田间，也可能因冷库温度低于葡萄冰点温度而引起冻害。在长城以北，极晚熟品种采收期极易遇早霜、轻霜，若持续时间不长，对果穗影响不大；经受重霜或霜冻危害的葡萄不能用于贮藏。

防治方法：采收时间不宜过晚，应在早霜之前采收完毕；贮藏过程中温度应严格控制在-0.5 ± 0.5℃，靠近冷风机处的葡萄应加覆盖物；及时观察库内的情况，库内不同部位应放置精密度<0.2℃的水银温度计，并以此观察为准，调控冷库温度。一旦看到葡萄出现冻结情况应及时调控温度，如果冻结时间不很长，通过逐步升温可以缓解。

③二氧化硫（SO_2）伤害。受二氧化硫伤害的葡萄，症状是果皮出现漂白色，以果蒂与果粒连接处周围的果梗或在果皮有裂痕伤处最严重，有时整穗葡萄受害。防治方法：不采摘高产园和成熟不良或采前灌水的葡萄用于贮藏；对SO_2较敏感的品种如理查马特、牛奶、粉红葡萄、皇帝、无核白、红地球等，要通过增加预冷时间、降低贮藏温度、控制药剂施用量和保鲜剂扎眼数量或使用复合保鲜剂，适当减少SO_2释放量；减少人为碰伤，一旦果皮破伤或果粒与果蒂间出现肉眼看不见的轻微伤痕，都会导致SO_2伤害，而出现果粒局部漂白现象。另外，挤压伤会引起褐变，压伤部位呈暗灰色或黑色，并因吸收SO_2而被漂白；一切可能引起裂果的因素都可能引起SO_2的漂白伤害，应防止。

三、贮户如何选择葡萄园

选择果园是为了在较大范围挑选好葡萄入贮。现代化交通为较远距离选购鲜贮葡萄创造了条件。一般来说，贮藏户要尽量就近采摘入贮葡萄，尤其提倡"自种自贮"，以确保葡萄的质量。当你不得不从其他果园采摘葡萄或稍远距离购葡萄时，应事先调查果园的情况，这对贮好葡萄是至关重要的。千万不可从批发市场或果商处购买葡萄用于贮藏。

1. 果园的区域位置　在无预冷设施的情况下，入贮葡萄的品温，即采收时葡萄在田间的温度对贮藏期长短起重要作用。这对于机械通风库、冰窖或机械制冷设备不完善的冷库更显重要。

某品种果实充分成熟时，恰好在早霜来临前，那该品种在采收时的果品温度自然就比较低，因为它在树上的呼吸强度已经很弱，这对延长贮藏期无疑是十分有利的。

需要指出，我们强调葡萄贮藏的优势区域是因为在优势区域能获得较好的贮藏效益；在非优势区域，应具备较好的预冷库，贮期也不宜太长。

（1）适合以晚熟品种贮藏的地区。如巨峰、玫瑰香、意大利、红宝石等。采收期接近早霜期的地区：辽宁省的大部分地区，最佳区是辽西锦州、葫芦岛、朝阳、营口、鞍山、辽阳；河北省张家口、承德、唐山和秦皇岛海拔在 200 米以上的山区；北京延庆县；山西省晋中、晋北；陕西省延安、榆林；内蒙古乌海地区、呼和浩特、包头等背靠阴山山脉低海拔地区及内蒙古东部通辽、赤峰地区；宁夏银南黄灌区及银北黄灌区；甘肃省除陇南的大部分地区；新疆北疆伊犁、石河子、昌吉及阿克苏西北地区。

上述地区的共同特点是年均温在8℃左右，≥10℃活动积温在3 200～3 600℃，果实成熟期少雨。由于上述地区均属大陆性气候，日较差较大，对于晚熟品种，有些地区的积温量稍显不足，但仍可充分成熟。

（2）适合极晚熟品种贮藏的地区。如秋黑、圣诞玫瑰、红地球、甲斐路、粉红葡萄、龙眼等品种。下述地区则较适合耐贮的极晚熟品种的贮藏：辽宁省旅大，山东省胶东地区，河北省冀中、冀南少雨区及秦皇岛、唐山地区，京、津地区，山西省晋南地区，河南省豫西少雨区，陕西渭北及关中少雨区，甘肃敦煌地区以及新疆南疆地区。

对果园的区域选择并不等于其他地区果园的葡萄不能用于贮藏，只是贮期较短一些。例如，同是巨峰品种，辽宁北宁市最长可贮藏到翌年4月中旬，而河北冀南地区最长可贮藏到2月中旬。

黄土高原地区适合极晚熟品种，如红地球、秋黑的生长结果，但该区常出现秋雨滞后，若遇这种情况应推迟采收期和缩短贮期，并适当增加敞口预冷时间。2001年秋，陕西关中、渭北，山西晋南，宁夏银南平原就出现秋雨滞后天气，陕西产区在9～10月份出现了40余天的连阴雨天气，这种情况下对已入贮的葡萄争取尽快销售则为上策。

（3）适合以二收果用于贮藏的地区。山东省鲁西南地区，河南等省的黄河故道产区，长江以南产区，其巨峰葡萄的二收果用于贮藏效果最佳。二收果的采收期通常在11月份或更晚些，此时，我国暖温带及亚热带地区大多阳光普照、气候凉爽、降雨稀少，所以贮藏巨峰二收果可以获得好的效果。搞好二收果贮藏，必须严格控制一收果的产量，甚至可以仿照"泰国方法"和"台湾一年二收方法",不留雨季成熟的"一收果",只留"旱季成熟"的二收果。应根据市场需求,推广产期调节技术,以获取更大效益。

(4)适合以中熟品种贮藏的地区。康太、康拜尔、京亚、蜜汁等在吉林以北地区可用于冬季贮藏。吉林省南部地区,有些年份也可选择到基本成熟的巨峰葡萄。目前,黑龙江省应用大棚栽培晚熟品种用于贮藏,获得良好效果。

果园的地域选择,对就地贮藏可以作为选择品种时予以参考;对异地贮藏而言,则果园和品种选择更具有重要作用。

2. 果园的地块如何选择　同一地区,不同果园所采葡萄的耐贮性也有很大差异。如1994年辽宁省生长季降雨偏多,如海城市冷库贮藏平地或低洼地的巨峰葡萄到12月已开始出现裂果和腐烂,而辽宁省北宁市坡地透水较好的沙地巨峰葡萄则贮藏到翌年3月份。上述情况表明,根据贮藏的要求,选择不同地块的果园十分重要。

一般来说,选择排水良好、向阳坡地的果园,土壤透气性好的沙性土壤或含有较多砾石的壤土,有利于延长贮藏期。

在气候比较冷凉的地区,晚熟、极晚熟种虽然可以成熟,但要选择充分成熟的葡萄,则要从背风向阳的坡地果园选择提供贮藏用的葡萄。在这些地区,当早霜来临偏早,葡萄通常未采收完,而向阳坡地或地势高燥、风光好的果园通常不易遭到霜冻或冻害较轻。如1995年秋,河北省张家口地区的龙眼葡萄产区普遍于10月8日遭到早霜冻,但向阳坡地或地势稍高的山坡地,如官厅水库的坡地果园就没有遭到霜冻危害或危害较轻,而平地果园或坡下果园则受害较重。选择前者入贮的龙眼葡萄普遍贮至春节前,而用后者贮藏到12月份已出现果梗、穗梗干枯和霉变。

与此相反，2000年的葡萄生长季节，北方多数葡萄产区遇到了连续的干旱天气，直到葡萄成熟的中后期才开始出现降雨天气。坡地以及排水、透水性好的果园，前期土壤缺水情况就较低洼地或平原区普遍重些，采收前就出现不同程度的裂果。有的葡萄在田间并未裂果，入贮后在较高湿度的贮藏环境下，则出现了严重的裂果。在这种特殊年份，贮藏户应选择灌水条件好的果园，或灌水虽不充分，但选择平地果园和保水较好的壤土、黏性土果园采摘入贮葡萄，则可获得相对较好的贮藏效果。

对于某些易裂果的品种，通常选择土壤保水较好的黏土或壤土葡萄园的葡萄用于贮藏，则比沙土地的葡萄更有利于防止贮藏期间的裂果。

在低洼盐碱地或南方多雨区，果园地下水位高低和畦面高低，对葡萄的贮藏性有重要影响。在选择果园时，应选地下水位低、排水良好、畦面较高的果园采摘入贮葡萄。

当然，通过栽培技术措施，如合理的土壤管理（覆膜、覆草、中耕、合理灌溉等）、果实套袋、控制产量等也可克服不利环境因素的影响。

3. 选择高质量的葡萄入贮 前面已叙述了葡萄质量标准和应采摘什么样的葡萄用于贮藏。但是，真正到果园采摘入贮葡萄时，还需掌握多方面的技术和知识，才能使葡萄贮藏获得较好的效果。

（1）对高产园的判别方法。农民常因"重产轻质"使果园产量过高，这种果园的葡萄不耐贮。对超过产量标准的葡萄园的判别方法如下：

①枝条判别：高产园葡萄枝条成熟不好。当果园有

20%以上的枝条基本没有成熟，即这些枝条除基部 2～3 节已变成黄褐色，而中上部枝条仍为青绿色时，表明该果园葡萄产量过高。尽管有些果园已经采摘了相当多的葡萄，从表面看，果园挂果量已经不多，但枝条成熟度和成熟枝条所占的比重会告诉你这个果园的产量高低。产量适中，葡萄质量较好的葡萄园，基本没有不成熟的枝条，枝条成熟节数一般都超过 7 节以上。

②果穗判别：高产园的果穗表现有以下情况：易出现软尖的品种（如龙眼），则果穗底部的果粒变软，食之一股酸水，果肉组织松软；易出现水罐子病的品种（如玫瑰香），果穗下端的果粒风味变酸、果肉变软，果色也较正常果为浅；易出现下部果粒皱缩的品种（如巨峰），果穗下部果粒易皱缩，果粒硬度较低，风味较差。由于栽培者可能会通过采前灌水来保持果实的丰满度，采摘这种果穗，极易引起贮后裂果。因此，贮户应实地品尝果实的质量，最好用测糖仪检测果实含糖量是否＞17 度，则更科学。

③果色判别：高产园的果色普遍较优质园上色晚、上色浅、上色不整齐。巨峰品种在北方表现为"赤熟"，在南方则表现为"绿熟"，即果色还是绿色时或稍微有些颜色，果实酸度已很低，虽然糖度不高，但尚可食用。栽培者为保持高产，则普遍采取喷施乙烯利催熟，使不上色或上色差的葡萄上色均匀，但这种葡萄贮藏期短，易落粒。在某果园看到挂果很多，而果穗色泽普遍鲜红，上色均衡，巨峰的果穗不是正常的蓝黑色、黑色时，说明这个果园使用了乙烯利。乙烯利是催熟剂、上色剂，它促使葡萄成熟和衰老，是延长葡萄贮期的"大敌"。它会使葡萄形成离层，出现"瓜熟蒂落"现象。因此，凡用乙烯利的葡萄容易脱粒。

（2）果园葡萄产量、质量的调查。笔者根据不同地区日照情况和单位葡萄架面可容纳叶量情况（我们称其为架面叶面系数）和每平方米叶面积能负载的果量（按 1 千克果/米²）进行计算，并参考各地葡萄栽培产量与质量的关系，提出当地的年日照小时数，换算为斤 * 数，可作为当地的亩限产标准，如河北省怀来县年日照为 2 800 小时，当地葡萄产量应控制在 1 500 千克/亩以下。有条件的可携带手持折光仪测葡萄的可溶性固形物，但该数值比实验室测定的滴定糖度通常高 1.5～2.0 度。从贮藏角度来讲，浆果可溶性固形物低于 16 度的葡萄，在贮藏中容易出现裂果。

果园产量高低是反映质量的重要标志之一，简单的调查方法如下：

一看架面挂果量：未采收之前，选择果园架面挂果量中等部位，看每平方米留果量，一般巨峰果穗重平均为 400 克，如挂果 9 穗以上，则表明产量过高，以 6～7 穗较好；以 5 穗左右为最好。本标准原则上适用于我国北方地区。

二看梢果比：凡进行疏花疏果的果园，梢果比通常比较适宜。巨峰葡萄每 2 条新梢留 1 穗果较理想，起码应做到 3 条新梢最多留 2 穗果；红地球等大穗型品种，应做到每 3 条新梢留 1 穗果，至少应做到每 2 条新梢留 1 穗果。

在品尝或观测果园葡萄品质时，应从结果相对较多的树上和果穗的下端采摘果粒，这些果粒通常是品质较差的部分。如果口味还可以，说明这个果园的葡萄可用于贮藏。贮藏户要注意的是，通过延迟采收和分批采收，可以适当改善葡萄的风味品质，但过迟采收的葡萄，其贮藏期及贮藏效果

---

* 斤为非法定计量单位，1 斤＝500 克。

将受到影响。

4. 不良气候因素及不良栽培因素的判别　不良气候因素和不良栽培措施的影响，如早霜冻、雹害、涝害和采前灌水等都对贮藏十分不利，在选择果园时，应引起重视。

（1）早霜冻。在北方较冷凉地区，选择果园时要注意是否有过霜冻。早霜冻危害主要表现是叶片全部干枯。如果仅仅是棚架上层嫩叶受冻，老叶未受冻，如果是极晚熟耐贮品种（如龙眼），这种葡萄还可以入贮；如果是果梗较脆嫩的品种（如牛奶），则不宜入贮。受轻微冻害的果穗，主要表现在穗轴和果梗上：木质化较差，色泽翠绿的穗轴、果梗，变成深绿色或暗绿色，这种果穗贮期将大大缩短，只能做1~2个月的短期贮藏；如果穗轴已出现水渍状，则表明冻害较重，不能用于贮藏。

（2）雹灾及冷雨。在果实发育期，特别是成熟期遇到雹灾，无论轻重，此果均不宜贮藏。如果雹灾发生得早，果皮受伤后尚可愈合，但这种果在贮藏中易裂果和感染霉菌而腐烂。冷雨是指北方秋季高空气温已降至0℃以下，在云层中已形成雹与雨滴的混合物，下落中虽有融化，但重力较大，常使葡萄果面产生肉眼看不很清楚的暗伤，在未成熟或成熟不好的淡绿色的果面上有不同程度变暗绿色的斑痕。通常着生在果穗最上部歧肩上的果粒受害重。

（3）涝害、采前大雨和灌水。涝害是指果实成熟期间发生连续降雨，果园排水不良而发生涝害。这种果园通常表现为枝条成熟普遍较差，副梢枝萌发量较大，葡萄穗轴、果梗青绿脆嫩，果色灰暗，缺乏光泽，果实风味淡，肉质变软，这种果实不能用于贮藏。采前大雨或灌水的果园，表现为果粒饱满，在较高负载量的情况下，也无皱缩果发生。从灌水畦面上可以发现近期灌水的痕迹。土壤表层湿度较大是涝害、采前大雨与灌水的共同特征。从这类果园采摘葡萄，一般在贮后或 1～2 个月以后，即出现明显的裂果，严重时往往因裂果重引起腐烂。涝害造成全冷库葡萄覆灭的例子不胜枚举，须引起贮藏户注意。

（4）霜霉病。霜霉病主要发生在果实成熟期。此病主要危害叶片，在果实上一般无症状，易被贮户忽视。果园在成熟期若只是幼叶上有轻微霜霉病发生，通常对入贮葡萄影响不大；如果大量老叶片上都发生霜霉病，这类葡萄入贮后，在 2 个月时间里，潜伏于葡萄果梗上的霜霉病菌会慢慢滋生直到果梗干枯。因此，在选择果园时必须观察叶片霜霉病的发生情况。

1998 年，辽宁省巨峰葡萄贮藏主产区北宁市，由于葡萄生长后期降水偏多，导致霜霉病大发生。据中国农业科学院果树研究所王金友的调查，果穗上霜霉病潜伏率高达 68%，而从果穗表面上则看不出有病症表现，入贮后葡萄普遍出现干梗，并引起腐烂，有近 1/3 的贮户因而贮藏失败，这一教训应引起贮户的注意。

2004 年秋，天津市汉沽区玫瑰香葡萄霜霉病较重，不少果园 9 月上旬已普遍落叶，且葡萄含糖量在 14 度左右，葡萄入贮后 2 个月左右出现裂果，并引起酸腐病发生。

（5）灰霉病。灰霉病既是葡萄园田间病害，又是贮藏中第一病害。在果实成熟期，果实上、穗梗上会出现灰色霉状物，极似"鼠毛"。贮户在选择果园时，要细致观察，表现有灰霉病症状的葡萄园，要慎用这类葡萄贮藏。一些葡萄园选用低劣不卫生的果袋，或摘袋过早，都会造成灰霉病的大发生。贮户应注意果袋种类和摘袋时间。

此外，炭疽病、酸腐病等田间果穗病害，会在果实入冷库后继续蔓延。因此，加强田间病虫害防治是贮好葡萄不可忽视的环节。

四、贮藏设施类型、选择与建造

1. 贮藏设施的选择 葡萄贮藏的首要因素是温度，可通过贮藏设施来调控。传统葡萄贮藏的场所如自然通风窖、冰窖、土窑洞、凉房等，依靠自然冷源来调节葡萄贮藏环境的温度；现代贮藏则通过机械制冷消耗电能来调节温度。若贮藏葡萄，首先要选择好贮藏设施。

(1) 自动控温的微型节能冷库是葡萄贮藏首选冷库类型。理由如下：葡萄与众多水果不同，它的呼吸强度对 0℃左右的低温区域的温度波动比较敏感。保持低而稳定的温度，对贮好葡萄更为重要。具有自动控温装置的冷库更适合于贮藏葡萄。葡萄贮藏实践证明，较大型的氨制冷冷库，通常需要手动来控制冷库温度，温度波动较大，葡萄贮藏效果不太理想。

据辽宁省贮藏巨峰葡萄的经验，一个贮户或单位，总贮量超过 10 万千克以上而获得较好贮藏效果的不多。原因是在短短的半月左右的采收期内，组织较多的人员采收葡萄，采收时葡萄损伤较多。对巨峰这类品种，在采收时稍微晃动果穗，果粒与果蒂间便产生肉眼看不见的伤痕。因此，在保证贮藏温度一致的条件下，采收精细程度即尽量减少葡萄损伤程度，是贮藏葡萄成功与否的关键。葡萄的这一贮藏特点决定了用于葡萄的贮藏冷库不宜过大。

微型节能冷库在葡萄贮藏中的广泛应用，除与农村包产到户的经济体制相适应外，也与葡萄的贮藏特点相适应有关，这与我国水果流通规模较小有密切关系。这也是通常不用大型气调冷库贮藏葡萄的原因之一。

在辽宁等地，也有用大型冷库贮藏葡萄的，通常是把冷库的大部分库位租赁给多个农户，实行分户采收、分户贮放、统一管理库温的办法。这种方法有利于分户精细采收贮藏，但也常常发生冷库库主与租赁户主之间在冷库温度管理问题上出现纠纷。

(2) 选用较大的冷库贮藏葡萄。在辽宁北宁、盖州等地，一些大型冷库的库主协调与贮户的租贮关系，主动向农户传播贮藏保鲜技术，做到了统一选购葡萄保鲜袋、保鲜药剂、传授使用方法、严格管理库温，有些冷库库主还代销贮户贮藏的葡萄，带有明显的"公司＋农户＋科技服务"的性质。这种形式对拉动贮藏葡萄的市场流通，特别是远距离流通起到了重要作用，值得提倡。近年，他们又在原有的基础上，以较大型冷库为凝聚点，建立产销合作组织。如辽宁省北宁市就有以贮藏大户张庆彪牵头建立的常兴葡萄产销合作社，葫芦岛市以葡萄栽培、贮藏能手张立成牵头建立的暖池葡萄产销合作社。

(3) 利用自然冷源的贮藏设施贮葡萄。由于经济条件的限制，一些葡萄产区缺乏机械制冷冷库，而利用自然通风库、机械通风库和冰窖贮藏葡萄。这种贮藏方式的缺点是葡萄入贮时，降低窖温完全靠夜间较低的气温。葡萄采收前后的夜间气温已接近 0℃，保证入贮后夜温很快降到 0℃以下，则是应用自然通风库贮藏葡萄的较为理想的地域。如前所述，这一地域基本在中国的长城附近，年均气温 8℃左右的地区。

利用自然通风库贮藏葡萄的另一限制因素就是品种。欧洲种耐贮品种如龙眼、红地球等，在采收后即便温度稍高，其呼吸强度也不太高，果胶酶活性也较弱，果肉仍能在较长的时间保持脆硬状态。龙眼品种贮至春节，仍能保持较好的品质，红地球可贮至元旦前后，贮期过长则果实硬度明显下降。从能源节省的角度，选用耐贮藏的欧洲种晚熟品种，在适宜的区域内，利用机械通风库或冰窖小规模、中短期的贮藏葡萄，仍值得大力提倡。

利用自然通风库贮藏巨峰等欧美杂交种品种效果不好。一是这类品种在刚入贮的较高温度下，各种酶活性及呼吸作用均较强，果实很快变软；二是库内湿度普遍偏低，巨峰一类品种极易干梗脱粒。

目前我国葡萄贮藏以微型冷库或微型冷库群为主导的贮藏设施的格局，将会维持相当长的时间。随着大量耐贮型的世界著名鲜食品种的广泛栽植，标准化栽培技术的推广，使标准化的包装得以实现，加之农村路面交通条件的改善和市场流通规模的扩大，冷库规模将会逐步扩大。

2. 微型冷库建造 按照建造规模，商业系统的冷库被分为 4 类：>10 000 吨的称为大型冷库，5 000～10 000 吨的称为大中型冷库，1 000～5 000 吨的称为中小型冷库，<1 000 吨的被称为小型冷库。1995 年，国家农产品保鲜工程技术研究中心在全国葡萄产区示范推广的葡萄贮藏冷库，多数单个冷库的规模是 10～50 吨，库容积（单个贮藏间）为 60～200 米³，但以 20 吨贮量的居多，这种比商业冷库中的小冷库还小得很多的小冷库，我们称之为微型冷库。为促进季产鲜食葡萄和贮藏葡萄的流通，各地也建立了一批贮销组合到一处的微型冷库葡萄批发市场和沿乡村公路的各家葡萄贮户相连的微型冷库一条街。

（1）制冷设备。微型冷库建筑结构多以砖木结构为主，设备以全封闭性风冷机为主，使用寿命为 30 年，建筑及制冷设备投资规模 3 万～4 万元，冷库容积约 100 米³，贮果量约 20 吨。

在设计微型冷库时应遵循以下几项原则：

①因地制宜，就地取材。

②简易、实用、造价低，农民易于接受。

③降低能耗，实现机械制冷与利用自然冷源相结合。

④形成匹配的现代制冷设备，备有自动控温装置。

⑤与国内外先进的保鲜技术相配套。

表 5-9 列出了由国家农产品保鲜工程技术研究中心提出的微型冷库专用设备的技术参数。该匹配标准较适用于我国北方葡萄产区，南方葡萄产区适于风冷＋水冷兼容型机组。

表 5-9　微型库专用设备的技术参数

容积 （米³）	贮量 （万千克）	机型 （风冷）	电压 （伏）	电机	工质	制冷量 （千焦/小时）	风机
60	1.0	开启式 2F-6.5	380	3.0	F12	16 720	DD3.7/22
		全封闭 MGM-28	380	2.0	F22	10 450	
90	2.0	开启式 2F-7.0C	380	4.0	F12	37 620	DD5.6/30
		半封闭 2FL-5B	380	3.0	F12	16 720	
		半封闭 2FL-5B	380	3.0	F22	23 617	
		全封闭 MGM-50	380	3.0	F22	22 990	
120	2.5	开启式 2F-70B	380	5.0	F22	41 800	DD7.5/40
		全封闭 MGM-64	380	3.7	F22	29 260	
		分体全封 闭 XL-BKFJ	380	3.7	F22	31 768	

（2）微型库库体建造与设计。微型库由贮藏室、机房和缓冲间三部分组成，土木结构双层墙中间填充保温材料，图

5-1表示的是微型库的平面图。

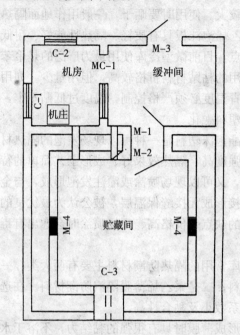

图 5-1　微型节能冷库平面

M-1. 标准保温门　MC-1. 机房门联窗

M-2. 防鼠防盗门　C-1. 设备通风窗下设通风口

M-3. 普通木制门　C-2. 进风口窗

M-4. 预埋门　C-3. 换气窗

①墙体。为双层砖木结构，外墙为承重墙，墙厚240毫米（砖）；内墙为护墙，厚为240毫米、120毫米或60毫米均可；中间为保温层，在保温层与外墙之间设一隔气防潮层。

保温材料的选择及其厚度要因地制宜。微型库常用的保温材料有聚苯乙烯泡沫板和聚氨酯泡沫塑料等。

炉渣是一种松散隔热材料，价格低廉，但隔热性能较差，容重较大。使用时要晒干，一般用作地面隔热层。

聚苯乙烯泡沫板具有质轻、隔热性能好、耐低温、吸水性小等优点，目前微型冷库使用最为广泛的是聚苯乙烯泡沫板。施工用的粘贴材料价格较高，但用量少。如用石油沥青粘贴，沥青温度必须严格控制，温度过低贴不牢，温度过高时使泡沫塑料融化。

聚氨酯泡沫塑料是一种可以现场发泡的隔热材料，具有容重小、强度高、隔热效果好、成形工艺简单的特点，它既可以预制，又可以现场喷涂或灌注发泡形成，与金属、非金属直接黏接形成无接缝保温层，被公认为最优良的隔热材料之一。它的缺点是价格高、现场喷涂时会逸出有毒的异氰酸酯蒸气。

微型库常用的隔热防潮材料主要有两大类：一是沥青隔汽防潮材料；二是聚乙烯薄膜隔汽防潮材料。在选用时要求蒸汽渗透系数小及黏合性高。

沥青形成薄膜时具有很强的黏结力，不溶于水，具有很强的防水性，但沥青在空气中会氧化，在阳光与潮湿的作用下会逐渐"老化"而变脆。

聚乙烯薄膜是良好的隔汽防潮材料，冷库用的聚乙烯薄膜要求一是不能有气孔；二是在低温潮湿的环境下不变硬变脆，但聚乙烯薄膜本身没有黏合力，必须借助其他黏结材料，才能牢固地与隔热结构黏合。

微型冷库隔汽层的设置有单面隔汽和双面隔汽法。单面隔汽做法如图 5-2，是在隔热层的高温侧设置隔汽层。双面隔汽做法如图 5-3，是在隔热层的两侧均设置隔汽层，此种做法要求隔热材料应充分干燥，否则隔热材料中的水汽会冷凝在隔热层内,使隔热材料受潮,影响隔热效果,此种做法多用于北方寒冷地区的微型库,也用于联体库之间的内隔墙中。

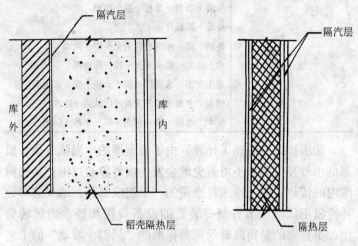

图 5-2　单面隔汽做法　　　　图 5-3　双面隔汽做法

　　②地面及库顶。微型库广泛应用于贮藏葡萄,库温控制在 0~-1℃,因而不会出现地面鼓裂问题。库内地面一般低于自然地面 200 毫米,施工时下挖 600~700 毫米,素土夯实,填 200~300 毫米厚的炉渣,再在上面加 100~200 毫米苯板,上面铺库地面。如果地下水位较高,炉渣下面还应垫一层黏土并夯实,地面防潮处理方式见表 5-10。

　　微型库的库顶多种多样,这与各地农村习俗有关。由于屋面受太阳辐射作用大,温度高,所以该处的保温十分重要,并且要保证防水。屋顶的保温一般采用吊顶的做法,即在屋顶的下面做吊顶,吊顶上铺木板,木板上部是保温材料,再上部为隔汽层。

表 5-10　微型库防潮处理方法

部　位	结构与材料组合
墙　体	外墙＋膜＋苯板＋膜＋内墙
	外墙＋沥青＋苯板＋膜＋内墙
	外墙＋苯板
地　面	外墙＋膜＋珍珠岩或稻壳＋膜＋内墙
	素土夯实＋膜＋苯板＋膜＋库地面
	素土夯实＋水泥层＋膜＋苯板＋膜＋库地面
顶　棚	檩木＋木板＋膜＋苯板或珍珠岩＋防水
	檩木＋木板＋膜＋稻壳＋膜＋木板＋防水

③围护结构的热工计算。由于微型库的库温除冬季一般都低于外界气温，不可避免地会发生内外界通过围护结构向库内的传热，成为冷库耗冷量的一个组成部分。减少这部分耗冷量不仅可以节省制冷装置的设备费用和经常的运转费用，更重要的是得以确保葡萄保鲜的"低温少波动"的工艺要求。另外，由于库内温度低，空气中的含湿量小，外界空气中的水蒸气会不断渗入围护结构的隔热材料层中，隔热材料受潮后，其隔热性将显著降低，也会造成隔热材料变质失效，使冷库建筑构件内结水结霜并受侵蚀，缩短冷库的使用寿命。

因此，在设计微型冷库时应进行传热计算并核准隔热层的凝水区，使围护的隔热层和隔汽层设计得既经济又可靠耐用。

现以国家农产品保鲜工程技术研究中心的微型节能冷库示范库为例，进行微型库传热计算：

示范库的墙体构造 30 毫米水泥砂浆抹面、240 毫米砖墙、0.1 毫米大棚塑料膜、150 毫米聚苯板、0.1 毫米大棚塑料膜、120毫米砖墙、30毫米水泥砂浆抹面。

经过公式计算，此微型库的墙体保温已达到设计要求，其热阻标准完全符合国际标准。

④微型库的无冷桥设计。冷桥即传递热量的"桥梁"，在库内与库外之间，在相邻库温不同的库房之间，由于建筑结构的联系构件或隔热层中断处材料的隔热性能较差，在冷桥处就容易出现结冰霜现象，如果不加以处理，因热量不断的传入，在冷桥处结霜结冰的面积会逐渐扩大，造成冷桥附近隔热层和结构件的损坏，严重时导致库体土建工程的破坏。

冷桥处理的方法很多，下面介绍微型库常采用的处理方法：

顶棚：顶棚的无冷桥涉及主要有以下几种，如图5-4、图5-5所示，其中图5-4为旧房改造微型库时旧房顶有悬壁梁时的处理方法。

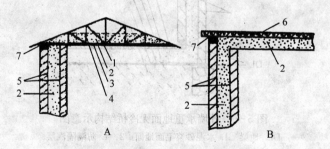

图5-4　外墙承重顶棚无冷桥结构示意图

1. 保温材料保护层　2. 保温材料　3、5. 防潮隔汽层

4. 檩上木板或其他保温材料支承物　6. 防水层　7. 圈梁

地面：地面保温设计时由于涉及到承重墙问题，极易形成冷桥，因此结构设计难度大，保温材料密度要求高，其设

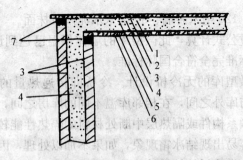

图 5-5 内墙承重顶棚无冷桥结构示意图

1. 防水层 2. 承压层（稻壳作保温材料时有，膨胀珍珠岩
和聚苯板作保温材料时可以没有）

3、5. 防潮隔汽层 4. 保温材料 6. 承重层 7. 圈梁

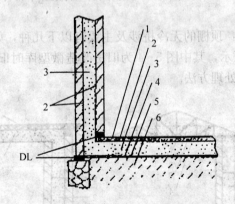

图 5-6 外墙承重地面无冷桥结构示意图

DL. 地梁 1. 水泥砂浆毛面地面 2、4. 防潮隔汽层

3. 保温材料 5. 承压层（依据地质状况

劣优取舍） 6. 素土夯实

计如图 5-6、图 5-7 所示为内墙不承重时的处理方法，内墙地梁下保温层中每隔 1～1.5 米，加一个 300 毫米×240 毫米×100～300 毫米的地梁垫。

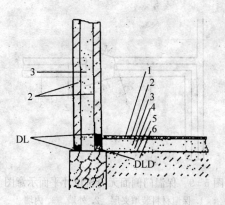

图5-7 内墙承重减少地面冷桥结构示意图

DL. 地梁 DLD. 地梁垫 1. 水泥砂浆毛面地面
2、4. 防潮隔汽层 3. 保温材料 5. 承压层（依据地质
状况劣优取舍） 6. 素土夯实

库门：门洞处的保温层结构特别容易被忽视。图5-8、图5-9为两种设计方法，图5-9为正确，施工时门洞四周用木板压胶条或海绵钉紧、压实，或者镶一圈50毫米厚聚苯乙烯泡沫板，底部作出沟槽装木制脚踏板。

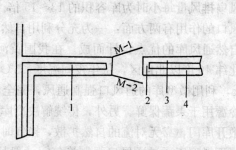

图5-8 保温门侧面有冷桥设计平面示意图

1. 保温材料装填夹层 2. 门洞侧面（冷桥）
3. 外墙 4. 内墙 M-1. 保温门 M-2. 防鼠门

— 129 —

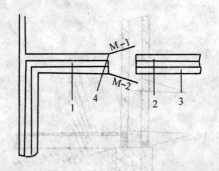

图 5-9　保温门侧面无冷桥设计平面示意图

1. 保温材料装填夹层　2. 外墙　3. 内墙

4. 门洞侧面保护层（普通木板或三合板）

M-1. 保温门　M-2. 防鼠门

立柱：旧房改造为微型库时，经常遇到库内有立柱的情况，此时可以采用包柱法，即用隔热材料包住柱子，且柱子的隔热层与地面和库顶隔热层要连成一体。

⑤通风口。微型节能冷库设计中设置了一个强制通风口，位于库门的正对面墙上，离地面高为墙高的 2/3 左右，洞口尺寸为 600～700 毫米×600～700 毫米，内装轴流式排风扇，风扇排风量每小时为库容积的 13～15 倍。

通风口的作用有两方面：一为充分利用自然冷源，这是吸收了自然通风库的优点设计而成。在我国黄河以北地区，特别是北纬 40 度以北地区，每年夜间温度＜5℃的时间长达 170 多天，利用微型库的通风口强制通风，完全可以将这部分自然冷源用于果蔬保鲜。另外，传统解决冷库换气的方法是定期敞开库门，靠无对流的自然扩散，换气时间长，库温波动大，而微型库通过通风口强制换气，一般只需 10 多分钟，有利于库温稳定，易于管理。

⑥库体施工工艺。微型库的基本结构如图 5-4，双层砖

墙，组成 240 毫米＋240 毫米、240 毫米＋120 毫米、240 毫米＋60 毫米的配对墙体，中间为保温层，库顶为檩木上铺 20～30 毫米建筑材料，墙体和顶棚的保温材料可以用膨胀珍珠岩、稻壳、麦糠或聚苯板。

夹层墙内相对侧各贴一层 0.1 毫米厚的防老化大棚膜作隔汽防潮层，两膜之间加 150 毫米厚的聚苯板，并与顶棚及地面保温层连接，双圈圈梁不相互连接，以减少冷桥。顶层若无空气隔离层，则保温层厚度增加 15%～20%，并且上下层各铺 0.1 毫米厚的塑料膜。整个库内地面低于自然地面 200 毫米，施工时下挖 600～700 毫米，素土夯实，铺一层塑料膜，填 300 毫米厚炉渣，再铺一层塑料，铺 100～200 毫米厚高密度聚苯乙烯泡沫板（容重大于 18 千克/米³），再铺一层大棚塑料膜，上铺 100～150 毫米水泥砂浆或 200 毫米厚三合土夯实。库地面低于地梁 100～200 毫米，挖出的土方填在库房四周，形成一个宽 3～5 米、高于库内地面 0.4～0.5 米的土台，并作 3% 坡度，以利排水。因墙体防水能力差，所以库顶用人字架尖顶、拱顶均可以。库顶防水十分重要，保温层不能潮湿，否则必须更换保温材料，施工时接缝处保温材料如为稻壳，可以加入容积 0.1%～0.2% 的白灰防虫防鼠。如为珍珠岩，其内决不允许加水或加水泥。

下面以稻壳做保温材料为例，介绍微型库施工程序：

定位→放线→开槽（至冻土层下）→填基础→地梁→砌承重墙（不分内外墙）→封顶（天棚）→砌非承重墙→两墙体相对侧抹平→墙体防潮隔汽→顶棚保温下层防潮隔汽→墙体保温→顶棚保温→顶棚保温上层防潮隔汽→库体防水层处理→地面保温下层防潮隔汽→地面保温→地面保温上层防潮隔汽→地面保温层毛面（水泥砂浆毛面）→安装保温门和保

温窗→库内墙面抹光→地面压光→室内涂白→室外抹光→安装制冷设备。

隔热层和防潮层是微型库库体的关键部位，在施工时要注意以下几方面：

用稻壳做保温材料应选用新扎的稻壳。要求不含糠皮、无结团现象，无杂质、质地干燥。容量不得大于 150 千克/米³，含水率不得大于总重的 10%。施工时分层铺设，力求密实，简单方法为用尼龙纤维袋装半袋子沙子，每填 30～50 厘米厚稻壳，沙子袋压实一遍。稻壳吸湿性强，施工时维护结构的内衬墙或楼顶预制板的缝隙必须用水泥砂浆或沥青麻丝堵死，以截断库内隔热层渗透的通道。

用聚苯乙烯泡沫板作保温材料应将苯板的接面用电刨刨平，以减少结合处的缝隙。施工时一般采用双层泡沫板的压缝方式。苯板容量不得小于 18 千克/米³，用热沥青粘贴时，沥青温度须控制在 100℃左右，温度太低时不易粘贴牢固，温度过高烫坏苯板，此外可选用对苯板没有腐蚀作用的建筑胶或聚氨酯黏合剂进行黏接。

防潮层施工时应注意墙面、地面抹平，做到表面光滑平整。水泥基层的干燥程度会影响防潮质量，一般墙体应干透，其重量湿度不得大于 6%。遇到防潮材料的接合处时采用双层接缝以做到接口完整。

⑦库体材料与造价。微型库的库体材料可因地制宜，就地选择。微型库的建筑造价一直是大家关注的问题之一，故以辽宁省北宁市常兴店镇 1998 年新建 90～100 米³ 微型库的用料为例，介绍如下（表 5 - 11）。

表 5 - 11 是一种最经济的微型库用材及造价表，各地区建材价格有一定差异。一般地区选用聚苯乙烯泡沫板做保温

材料时，造价要增加 6 000～7 000 元。

表 5-11　库体造价概算表（容积 90～100 米³）

品名	数量	价格	小计
砖	18 000 块	0.11 元/块	1 980 元
水泥	7 吨	250 元/吨	1 750 元
沙子	20 米³	5 元/米³	100 元
木材	7 米³	250 元/米³	1 750 元
塑料膜	90 千克	10 元/千克	900 元
油毡纸	30 延米	7 元/米	210 元
沥青	200 千克	4.5 元/千克	900 元
稻壳	100 米³	4 元/米³	400 元
人工			1 000 元
其他			300 元
合计			9 290 元

注：材料价格参照辽宁省北宁市常兴店镇 1998 年物价计算。

　　在旧房改造微型库时，一般选用聚苯乙烯泡沫板为保温材料，以 90～100 米³ 库容的微型冷库为例，改造费用在 1.0 万元左右。改造联体库时，建筑费用可减少 20%～30%。

　　（3）微型库制冷设备的匹配。

　　①冷却设备的选择。对于微型库来说，冷却设备都应选择冷风机，因它与自然对流冷排管相比，具有结构紧凑、重量轻、降温速度快、库内温度均匀、不占用库体实用面积等优点，另外，由于它是强制送风的，所以能使冷库内贮藏的葡萄迅速降温，大大提高了贮藏葡萄的保鲜度。

　　微型库冷风机通常选用 DD 型或 DJ 型低温冷库标准，以便于蒸发器片距加大，减少贮藏（特别是预冷）期间的除霜次数。

　　②制冷压缩机组的选择。由于微型库的制冷压缩机组一

般不是连续工作的，因此选用制冷压缩机组的制冷量时应比计算出来的冷负荷要大一些。

根据近几年的推广应用经验，参考国内外冷库设计标准，结合各地气候特点、保鲜产品特点以及库体和库体热工性能设计特点等因素，初步确定设备匹配标准如下：长江以南地区，单位库容积所需制冷量（标准工况）$\geqslant 50 \sim 60$ 209~250.8 焦耳/小时，水冷或风冷机组；长江以北地区，单位库容积所需制冷量（标准工况）$\geqslant 40 \sim 50$ 167.2~209 焦耳/小时，风冷机组。

国内外制冷设备的类型很多，天津市农产品保鲜工程技术研究中心主要以氟里昂为工质。

全封闭式制冷压缩机组：压缩机与电动机一起装在一个密闭的金属壳内，从外表上看，只有压缩机的吸、排气管的管接头和电动机的导线，压缩机的金属壳分成上、下两部分，压缩机和电动机装入后，上下壳用电焊焊接成一体，平时不直接拆卸，因此，要求机械使用可靠。优点是系统密封性能优良；低噪音，故障率低，节电 5%~10%；多种工质可以兼用。缺点是压缩机主要依靠进口，价格偏高，压缩机维修难度大。

分体式全封闭微型库专用机组：分体式全封闭型微型库专用机组是天津市农产品保鲜工程技术研究中心李喜宏申报的发明专利，1999 年已在全国 18 个省（直辖市）推广应用，该机组的压缩机为全封闭型，由国外进口，故障率低，噪音＜40 分贝。

③分体式全封闭微型库专用机组简介。

设备匹配：以容积为 120 米³ 的微型库为例，介绍匹配的分体全封闭型制冷设备及其配件和参数：

制冷工质：R22；充氟量：8 千克。

压缩机型式：进口全封闭压缩机。

压缩机功率：4 千瓦。

机组制冷量：8 200 瓦。

额定工况：蒸发温度−15℃；冷凝温度：30℃。

冷凝器型式：风冷翅片排管式冷凝器。

冷凝器风机：功率 180×2（瓦）；风量：3 000 米³/小时×2。

冷风机：（库内机）风机功率：120×3（瓦）。

风机风量：1 700 米³/小时×3；重量 100 千克。

连接管径：吸气管直径 19 毫米。

供液管：直径 10 毫米。

外形尺寸（室内机）：1 750 毫米×550 毫米×550 毫米。

库外机组外形尺寸：1 200 毫米×630 毫米×1 350 毫米；重量：188 千克。

控制温度：依据保鲜库贮藏品种的要求，可在−5～15℃范围任意调温。

控制精度：±0.5℃；测量精度：±0.3℃；分辨率：0.1。

产品特点：a. 保鲜库用分体式制冷机组，如同空调安装一样简便、省时、省工、省地。b. 制冷机组运行可靠性高、选材精良，制冷压缩机及制冷控制元件均选用国外名牌优质产品，内有多种保护，确保使用安全，主机无故障运转时间达 5 年以上。c. 全电脑控制，调试简便，操作简单、易懂。d. 能效比高，节能省电，低噪音，制冷效果优异。e. 采用电热除霜，除霜快，时间短，库温波动小。

（4）安装。

①保鲜库用分体式制冷机组应安装在能够高效运转的环境中，但应保证安全，容易进行保养。

②室外机组应放在有良好通风条件和没有灰尘的地点。室外机组安装在机房内时，机房要宽敞，空气要流通，机组要远离发热物体，机组周围至少留有1米以上供操作人员操作和修理的位置。

室外机组安装在屋外时，要选择在不受风雨、积雪、日光直接照射的地点。因此机组安装在屋外时，尽量制作顶棚，以对机组进行保护。

③室外机组与室内机组的距离应尽量靠近，以减小管道中压力的损失，通常不超过3～5米。

④室外机组安装的地面基础，应为有足够强度的混凝土基础，地面应平整光滑。

⑤分体式制冷机组安装施工地点应靠近有电源的地方，并应为专用电源。电源电压应控制在380伏±10%内，电源网路电压过高、过低均易造成电机烧毁。

⑥室内机（冷风机）吊装在保鲜库的顶板上时，与墙间的距离应保持在250～350毫米，以利于空气在库内的循环流动和方便检修。

（5）安装施工步骤。

①将室内机（冷风机）用M10螺栓吊装在库顶或库侧面的角架上。

②将室外机用M10螺栓紧固在地面基础上，并注意四角水平。

③将室外机用 φ19×1、φ12×1、φ10×1 铜管与室内机连接起来，接管螺母均应牢固紧。

④将室外机组储液器的出液阀缓慢打开（此时出液电磁阀打开），同时打开 φ10 的截止阀门，松开放气阀盖，用顶尖顶几次，看见氟气时停止，再将 φ19 吸气阀打开，打开 φ12 阀。

⑤φ19 回气管缠保温管。

⑥电器接线。将室内机（冷风机）的风机接入电线与室外机的电器柜接线端子连接好。将 380 伏三相外电源线接入室外机的总电源接线端子上。零线接入 N 号端子。

⑦传感器线应避开其他控制线，加长线接头应注意防水，否则会影响控温精度。

⑧融霜。将室内接线盒内的 U_3、V_3、W_3 与室外机电控柜内 U_3、V_3、W_3 用 4 毫米×1.5 毫米导线连接。

（6）维护保养和修理。制冷机组维护保养的目的在于长期地持续保持制冷装置初期的性能特性，同时确保耐用年限，使制冷机高效、经济、无故障地运转，防止事故，防患于未然。因此，要求用户应学习本操作使用说明书，了解制冷装置的整体，特别是制冷机的构造、配管系统、电器系统、使用方法、使用条件等。

制冷机组应做经常性的检查，这是维护保养的最好方法。

①要检查压缩机运转中声音是否正常：正常运转时听到的只是压缩机轻微而均匀的阀片跳动声，无敲击声，若有敲击声，一般是奔油敲缸或制冷液击现象，另外要检查压缩机各部发热是否正常，无剧热处。

②检查膨胀阀的工作，正常情况下能听到膨胀阀内制冷剂流动的微小声响，且在进液口接头至阀体过滤器一般不结霜，若听到膨胀阀断断续续的流动声，说明制冷剂量少，或

是断续流过的，若发现膨胀阀进液口接头至阀体过滤器这边结霜，就说明有堵塞。

③检查风冷冷凝器是否积尘，应定期进行清扫。

④检查制冷系统管路之间连接处有无渗漏现象（表 5 - 12）。

表 5 - 12　分体式机组故障分析表

故障现象	故障原理分析	故障的排除方法
压缩机不启动或启动后又立即停车	1. 电源没电或未接上或断线或保险丝烧断 2. 检查压缩机故障并排除 3. 压力控制器动作（高压、低压） 4. 电磁阀闭合	1. 接通电源，更换保险丝，使电路畅通 2. 检查压缩机故障并排除 3. 高压等待接点闭合时的压力并按复位钮，低压等待接点闭合压力 4. 检查电磁阀动作的好坏，若电磁阀烧毁则更换
制冷装置运转，但制冷情况不佳	1. 排气压力过高 ①系统中混入空气等不凝性气体 ②制冷剂充注量过多 ③空冷冷凝器表面被尘土堵塞 ④机房通风不好 2. 排气压力过低 ①制冷剂量不足 ②外界空气温度低，吹向冷凝器的送风温度过低 ③压缩机排风阀及管路有严重泄漏 ④膨胀阀的感温包安装不当，液态制冷剂回流	1. 排气压力过高的故障排除方法 ①将空气从系统中排出 ②抽出制冷剂至充注量合适为止 ③清扫空冷冷凝器表面 ④改善机房通风环境 2. 排气压力过低故障排除法 ①检查制冷剂有无泄漏，追加充注量 ②减少送风量或停止风机运转 ③检查压缩机，更换排气阀片，对管路进行检漏 ④将感温包牢固地安装在吹气管上，调整膨胀阀

故障现象	故障原理分析	故障的排除方法
制冷装置运转，但制冷情况不佳	3. 吹入压力过高 ①膨胀阀开启过大 ②膨胀阀本身有毛病或感温包安装没有紧贴在蒸发器的出口管上 ③压缩机能力减退 4. 吹入压力过低 ①蒸发器结霜太厚 ②膨胀阀开启度小或膨胀阀堵塞 ③液管堵塞、过滤器堵塞 ④系统制冷剂不足	3. 吹入压力过高故障排除法 ①适当调整膨胀阀 ②调换膨胀阀，并正确安装感温包 ③检查压缩机吹排气阀 4. 吹入压力过低故障排除法 ①蒸发器除霜 ②调节膨胀阀开启度或疏通膨胀阀 ③疏通堵塞 ④填加制冷剂
膨胀阀常见故障	1. 压缩机开车时膨胀阀打不开或很快被堵塞 ①感温包气体泄漏 ②膨胀阀进口处过滤器堵塞 ③膨胀阀节流被杂物堵塞 ④系统中有水在膨胀阀节流孔处冻结 2. 膨胀阀进口管上结霜 ①进口管堵塞 ②进口处过滤器堵塞 3. 膨胀阀有丝丝的响声 ①系统中制冷剂不足 ②液体无过冷，液管阻力过大，使液体进入阀前产生"闪光"	1. 压缩机开车时膨胀阀打不开或很快被堵塞故障排除法 ①更换膨胀阀 ②清洗过滤器 ③拆除膨胀阀进行清除堵塞 ④用干燥过滤器进行清除堵塞 2. 膨胀阀进口管上结霜故障排除法 ①清洗管路 ②清洗过滤器 3. 膨胀阀有丝丝的响声故障排除法 ①补充制冷剂 ②排除液管阻力

故障现象	故障原理分析	故障的排除方法
膨胀阀常见故障	4. 膨胀阀关不小 ①膨胀阀损坏 ②感温包位置不正确 ③膨胀阀顶尖过长	4. 膨胀阀关不小故障排除法 ①更换膨胀阀 ②将感温包安装在吹风管上 ③更换或修理膨胀阀
仪表故障	1. 精度飘移 2. 仪表不工作	1. 偏差较大时，可以调整或更换 2. 临时使用手动，确保制冷

3. 库房消毒　有冷库的贮户应在入库前提前半月检修冷库的各种设备。在葡萄入贮前几天，要对冷库进行彻底清扫和消毒。须要指出，造成葡萄贮藏中腐烂的病原菌主要是来自于果实自身，以及从田间带来的病菌和来自库房的杂菌。由于葡萄入贮前多数库温都很高，有利于微生物的生长。为防止葡萄入贮后的再次污染，必须在葡萄入贮前对库房进行彻底的消毒杀菌。但是人们在生产上往往忽视这一环节，应予关注。

库房消毒剂的种类很多，目前生产上广泛应用的有两种库房消毒剂：一是用硫磺熏蒸消毒。可用硫磺粉拌木屑或在容器内放入硫磺粉，加入酒精或高度白酒助燃，点燃后密闭熏蒸，硫磺用量为每立方米空间用 10 克，密闭熏蒸 24 小时后，打开通风。硫磺熏蒸时产生的二氧化硫气体对人呼吸道刺激很大，操作人员应戴防毒口罩，注意安全。二是用福尔马林溶液喷洒消毒，使用浓度为 1%。此外，还可用 10%的漂白粉溶液喷洒消毒。燃烧硫磺虽然使用方便，价格低廉，但是存在两个问题：一是杀菌谱窄，杀菌能力低。二是燃烧

后的 SO_2 对库房中蒸发器、送风管等金属器具具有强烈的腐蚀性，因此建议用于自然通风窖、冰窖等利用自然冷源的贮藏设施上。甲醛杀菌谱广，而且杀菌能力强，但使用时安全性差，具有致癌作用，应注意安全使用。国家农产品保鲜工程技术研究中心研制的 CT-高效库房消毒剂，深受广大用户的欢迎，其杀菌能力优于甲醛，对灰霉、青霉、根霉、黑曲霉等杀死率达 90%以上，而且使用方便、安全、对金属腐蚀小。1998 年已在我国辽宁、河北、山东、山西、甘肃等地推广使用，效果较好。

冷库库房消毒后要立即通风，并在葡萄入贮前 3～5 天时间，启动制冷机制冷，使冷库内一切吸冷体（墙壁、地面、支架等）吸足冷源，保持 0℃或-1～-2℃的温度，这样可以加速早期入贮葡萄的降温。

无贮藏冷库的葡萄贮户，要提早建设冷库，宜在春季比较干燥的季节建库，最迟在雨季来临前建成。南方梅雨期长，应在冬季或头年秋季开始建库，否则新建的冷库库内湿度过大，影响葡萄贮藏效果。

五、保鲜材料的准备

1. 包装　用于葡萄贮藏的包装箱应以装量 5 千克以下，放一层果的为宜。这种包装箱已在高档套袋巨峰、牛奶葡萄上开始应用。随着鲜食葡萄质量的提高，这种包装箱将占主体地位。

目前生产上用的巨峰、玫瑰香葡萄的 5 千克包装箱的规格多为 36 厘米（长）×26 厘米（宽）×16 厘米（高），其材质有木板条箱、纸箱和塑料箱。

选择何种规格和材质包装箱用于葡萄贮藏取决于下列因素：果穗大小对包装箱的高度有所要求，大穗型的品种，通常要求箱子高一些，即便经过果穗整形，通常穗重也要达到750克；果品质量高低对包装箱材质要求也不同，档次低、果穗不整齐的巨峰等品种，以板条箱为主。板条箱成本较低，便于在冷库里快速预冷；高档套袋的葡萄，无论什么品种均宜配上漂亮的纸箱或档次、质量较好的塑料箱。当选择纸箱为包装材料时，贮户必须考虑纸箱的承重力较小的特点，应在冷库内设2～3层支架，每层支架码放纸箱层数不宜超过7层。

折叠式带大量通气孔的塑料箱便于回收和贮运，有利于资源的重复利用，是发展方向。聚苯泡沫箱不易回收，不易腐烂，易造成白色污染，有被淘汰的趋势。聚苯泡沫箱保温好，但冷气不易流通，果温下降慢，所以用这种包装箱贮藏葡萄会导致贮藏果前期腐烂，事例不胜枚举。

要根据贮量大小准备足量的包装箱。如果使用陈旧的包装箱，应在库房消毒时，将这些包装箱放入库房一并消毒，如是塑料箱和板条箱应认真清洗，并采用液体消毒剂，以免将霉菌带入冷库。

2. 单穗包装袋　单穗包装是高档次葡萄常用的包装方式，它既可起到防止贮运中果穗摇动、震动，防止脱粒、损伤、干梗的作用，又便于消费者携带，提升果穗的美观度和葡萄档次，从而提高鲜食葡萄售价。单穗包装袋通常用不易吸水的纸做成，或用打孔塑料袋做成。单穗包装袋通常依品种的果穗大小制成不同规格的袋子，但同一品种，则多为一种规格。这就要求葡萄栽培上必须对果穗进行整形，使果穗形状、大小趋于一致。所以，大力提倡单穗包装袋的应用，具有以单层包装、单穗包装促产前栽培技术标准化的作用。

3. 保鲜袋 保鲜袋具有 3 种作用：一是保持贮藏环境达到一定的湿度，减少葡萄水分损耗，防止干梗和脱粒。另一作用是保持贮藏环境适宜的气体成分，抑制果实的代谢活动和微生物的活动，保持果实原有的品质和果梗的鲜绿。三是使保鲜剂释放的二氧化硫等杀菌、抑菌气体不逸散。选择袋时要注意选用葡萄专用的 PVC 或不结露的 PE 袋。这种袋有结露轻甚至不结露、葡萄品质变化小、果梗保绿性能好等优点。个别厂家的产品存在着食品安全隐患，应注意厂家的绿色保鲜材料标记等情况。PVC 袋开袋困难，因此应提前 1 个月左右购买，并在葡萄装袋前要对袋进行试漏实验。具体的方法是打开袋口向里吹气，看是否有漏气现象，漏气的袋子要用透明胶带粘上，否则在贮藏过程中就无法发挥气调保鲜的效果。漏气袋不粘贴也会导致果实干燥和腐烂加重。

目前，多数葡萄贮户忽视保鲜袋的选择，这主要是对袋内气体成分对抑制果实呼吸、延缓衰老的作用认识不足。

在贮藏中对二氧化碳浓度要求偏高的巨峰等品种，应选择稍厚的保鲜袋或填加较多阻氧材料的保鲜袋，它对果梗保绿效果比较明显；对新疆等西部干旱地区的葡萄品种，如木纳格、龙眼等品种，这些品种长期生长在干燥的气候条件下，形成了"怕湿不怕干"的特性，选择保鲜袋时，膜的透湿性应放首位。PVC 气调保鲜膜在蒜薹贮藏产区被称为"透湿膜"，其透湿性通常比 PE 膜高 2～3 倍。如果选择 PE 膜，也应选择填加透湿材料的专用保鲜袋。

有的贮户愿购买价格低廉的再生塑料袋，这会对食品造成污染。通常再生塑料膜比较薄，袋内氧气量甚至高达18%，几乎接近空气中氧的比例（21%），失去塑料袋的调气功能，极易造成果梗失绿变黄、变褐，应当禁止使用。

4. 保鲜剂 目前用于葡萄贮藏的保鲜剂主要为二氧化硫制剂，但有的葡萄品种单用二氧化硫制剂易出现以下问题：一是在足量的情况下可以保证果实不腐烂，但易使大量果实发生漂白药害，商品价值下降。二是在减量的情况下果实腐烂加重。因此，在贮藏中一定要注意不同类型的葡萄选用不同的保鲜剂。对二氧化硫敏感性强的品种，不要盲目地仿效巨峰、龙眼、玫瑰香等葡萄品种去用同样的保鲜剂和贮藏技术，应采用复合型保鲜剂和相应的贮藏技术，否则易造成贮藏的失败。

保鲜剂类型的选择取决于该品种对二氧化硫的抗性。我国常见的鲜食葡萄品种中较抗二氧化硫的有玫瑰香、泽香、龙眼、秋黑、无核白、巨峰及巨峰系品种；对二氧化硫敏感，易发生二氧化硫伤害的品种有红地球、牛奶、木纳格、理查马特、红宝石等。

当你无法判断某品种果实对二氧化硫的抗性时，最好使用复合型保鲜剂。通常情况下，鲜食品种中的低酸低糖类型，对二氧化硫抗性较弱，而高酸高糖型的品种有较强的抗性；在有色品种中，浅色品种容易在贮藏后期出现退色现象，如红宝石是白色品种意大利的红色芽变，在栽培中上色难度就比较大，特别是在高产量的情况下，常常是半红半绿，它就属于极易退色的品种。

多数亚硫酸盐类型（二氧化硫型）保鲜剂在贮藏环境中是依靠水来起动的，因此购买保鲜剂后应在干燥冷凉的环境下存放。由于生产保鲜剂的厂家多无控湿控温条件，因此贮户应在雨季来临前尽早购买保鲜剂。北方地区早春气候冷凉而干燥，保鲜药剂在加工过程中的混合、化合、压片、包装过程中，药剂有效成分损失小，化合稳定，此期生产的保鲜剂质量优于夏季高温多湿条件生产的产品。据调查，春季生产的保鲜剂经过1年在干燥低温条件下存放，其总含量损失在1%～2%，远优于当年夏季生产的产品。所以，贮户提早购买保鲜剂则是明智之举。若当年购药量稍多，可将剩余药剂存放于冷库内，并多加一层不透水的塑料袋，袋内若能加入一些吸湿材料，如生石灰等，其保存效果会更好些。这些药剂第二年仍可与当年购买的新药混合使用，旧药所占比重最好不要超过1/3。如果保存不好，药剂已经粉化，则不要使用，以免影响贮藏效果。

六、采收与预冷

1. 采收

（1）采收时间。如前所述，葡萄是呼吸作用非跃变型水果，贮藏的葡萄应在充分成熟期采收。但遇到下列情况应调整采收时间，即采前遇大雨或暴雨，采收期应推迟1周；采前遇中雨，采收期应推迟5天左右；如遇小雨至少也要推迟2天左右。

如果选择的果园排水良好，为渗水性强的沙壤土，则采收期可适当前提；如为排水不良的低洼黏土地，则应适当推迟。遇到上述天气现象，如不能推迟采收，则只能短期存放、及早销售，否则将会出现较严重的裂果，导致贮藏失败。

应注意采前天气预报，北方较冷凉的地区应防止早霜冻提前。如有早霜冻发生，应在此前突击抢采。

遇到前期干旱、后期雨多的天气，应推迟采收，否则在入贮后头几天就会出现明显的裂果现象。

过迟采收会缩短贮藏期，但欧洲种硬肉型品种对迟收反应不太敏感。欧洲种中的软肉型品种或欧美杂交种品种对过迟采收反应较敏感。前者易在贮藏后期出现无氧呼吸和酒化现象，后者易出现脱粒现象。

有露水的天气，应在果穗上的露水干后采收，以减少入贮果品的田间带水量；遇阴湿天气，最好不采收或采后在田间多停放一段时间；燥热天气应减少采后果品的田间停留时间，及时运到冷库。

(2) 采收。用于贮藏的葡萄必须细致采收，应使用专用采收剪，以防在疏剪病、残、次果时伤及好果粒。以往在未实施标准化栽培技术之前，果园普遍果量偏多，因此，要分次采收，挑好果采收，田间分级装箱就显得十分重要。除根据色泽、含糖量判断果实品质外，葡萄果穗的松紧程度、穗轴、果梗的木质化程度也是重要的指标。过紧的果穗，果实之间互相挤压，内部果粒着色差、果皮脆嫩，甚至被挤破。装箱后，保鲜剂常常不能渗透到穗轴附近，而出现内部腐烂现象。如新疆和田红葡萄、果穗未经拉长或未疏花疏果的红地球品种就易发生上述情况。穗轴和果梗是葡萄采收后失水的主要渠道，其木质化程度直接影响葡萄贮藏效果。因此，要在田间观察和挑选穗轴木质化程度好的果穗。主要标志是看枝条的成熟节数，如采收期枝条成熟节数只有2～3节，其上果穗一般是翠绿的穗轴；只有那些成熟达7节以上的枝条所挂果穗，其穗轴木质化程度也高，果实品质较好，果粉较厚。

采收下来的果穗，要用手轻轻拿住穗梗，不要触碰果面，避免果粉脱落，影响果实外观品质；不要摇动果穗，以免果粒与果蒂间产生伤痕；并轻轻剪掉病、伤、残、次果，将果穗单层平放到树阴下的洁净的塑料膜、草帘上或直接装箱。

2. 装箱与入冷库　将塑料保鲜膜衬于箱内侧，然后将葡萄摆于箱内。目前，多数果园产量偏高，果穗大小、松紧度不一致，应尽量在田间分出等级，分别装箱并做出质量标记。对于一般质量的巨峰、玫瑰香等品种，通常是将果穗较大较紧的葡萄放在一层，这些品种的果穗多为圆锥形，所以在箱内的码放，通常将穗梗剪得较短，倾斜和倒放于箱内。箱内的葡萄必须码紧，因为在运往冷库的途中极易因晃动而脱粒或果粒松动。

装箱时要注意以下几点：轻拿轻放，码严码实。装好的葡萄箱，视果品的田间持水情况和气候状况，确定是捆口存放，还是敞口临时存放。一般情况是敞口存放于树阴下，以利散失一部分田间水分。然后要尽快将葡萄运往冷库。

当所采摘的品种为脆梗型品种时，如牛奶、无核白等，可视天气情况推迟一点装箱时间，使果梗略失一点水而变软，这可以防止装箱时果粒从果梗处折断而脱粒。当所装品种为果梗易失水的巨峰等品种时，一般应视天气状况及时装箱，以免果梗失水而引起后期脱粒；当天气潮湿，或果实成熟期雨水偏多，田间水分偏高的情况下，应适当推迟一点装箱时间，使果穗在田间临时摆放下多散失一些水分。

一次性装箱是葡萄贮藏成功与否的关键。有的贮户将葡萄采收后先装到临时的周转箱里，然后将葡萄运到冷库附近的空房内或放在果园的空场地，再进行一次挑拣和二次装箱；有的将葡萄堆放田间时间长达近1天时间，使大量田间热和箱内葡萄在高温下产生的大量呼吸热带入冷库。这样的情况都应当避免，因为两次装箱和在田间停放时间过长都会导致贮藏效果不好或贮藏失败，实例不胜枚举。

采收装箱的葡萄要尽快运到冷库预冷，这是延长贮期、贮好葡萄的重要技术环节。

从田间到冷库的短距离运输，常常不被贮户注意。就产地贮藏来说，果园离冷库的距离可能只有数百米或数千米，但多数农村的路面不太好，葡萄被装上汽车或拖拉机、推车等运输工具上，果箱在车上来回摇晃、颠簸，极易造成各种果实伤痕，这是某些冷库葡萄提早出现二氧化硫伤害和霉烂的重要因素。为防止上述情况发生，有的贮户直接将葡萄箱用人工挑入冷库，路程稍远的，也是将箱紧紧的码在车上，用秫秸、草把等将箱间的缝隙塞实，车厢底板及两侧垫上草帘等，行车十分缓慢，避免果箱在车上晃动。

若果园距冷库较远，其路程超过1天以上，贮户应在产地租用冷库，将葡萄预冷后用棉被等保温材料包裹后再运输，以防散冷太快，同时还要注意防雨。在这种情况下，最好将保鲜药剂在采收时放入箱内，预冷后将塑料袋挶上口，运到目的地后，再敞口预冷。如果没有预冷，在运输前也应将保鲜剂放入葡萄箱内。辽宁某冷库从河北省张家口地区采收牛奶葡萄，从采收到进入辽宁冷库总时间长达2天，结果当葡萄入到冷库打开塑料袋时，已发现有不少葡萄开始出现霉变，导致贮藏的失败。

高质量果应实行单层装箱，果穗梗朝上倾斜摆入箱中，并应进行单果包装。易脱粒的无核品种，应用打上孔的纸袋兜底套上，果穗歧肩部分露在外面。袋纸应打蜡和消毒。

随着人们商品意识、质量意识的增强和对采收期间葡萄损伤对贮运保鲜带来不利影响的充分认识，近年出现了一种新的修整果穗和果穗分级方法，即在采收前几天，便在树上对每一穗葡萄逐穗进行修整，去掉小粒、病残粒，并依果穗、果粒、上色等情况，标出果穗质量级别，以级别做记号，然后喷上采前保鲜药剂，并套上单穗果的包装袋。采收时依记号所示级别，剪下后直接分级装箱。

3. 预冷　预冷是葡萄贮藏的重要技术环节。袋内外温差大是导致袋内结露、葡萄的呼吸代谢得不到快速抑制的关键问题。敞口快速预冷使葡萄品温尽快达到贮藏的理想温度（0～-1℃）。通过敞口预冷也可加速果品从田间携带水分的散失，直接降低封袋后的袋内湿度。

预冷应在预冷库内进行。但各葡萄产区普遍忽视预冷库的建设，多数用普通冷库预冷。葡萄运至冷库后打开袋口，在-1～-2℃条件下进行预冷。预冷时一次入库量不易太大，应以地面空间摆放 2～3 层为宜。一次入库量太大易造成预冷速度太慢和库温波动大而影响葡萄贮藏。应使葡萄的品温尽快下降，当品温下降到 0℃ 时，将保鲜剂放入袋内，然后扎紧袋口在-0.5±0.5℃条件下进行长期贮藏。

要实现快速预冷，应做好如下工作：

（1）库体提前打冷，使库体每一部分都成为一个冷体。

（2）葡萄从采摘到入库过程中，尽量防止葡萄果温的提高，应坚持少量快速多次入库。

（3）合理控制葡萄箱敞口预冷时间。对巨峰及巨峰群品种，一般敞口预冷时间为 12 小时，欧洲种品种敞口时间为 24 小时。但遇下述情况应加长敞口时间，即新疆的葡萄品种，不少属于东方品种群品种，如木纳格、无核白、和田红葡萄等，应适当加长预冷时间。一定要保证塑料袋扎口后不出现结露现象，敞口时间可延长至 48 小时左右，若箱内果品品温仍高于 5℃，应抿口预冷一段时间，使果实品温降到

3℃以下再扎紧袋口。南方多雨区葡萄采收季节无法避开降雨，并且果园土壤湿度较大，果实含水量偏高，巨峰品种的预冷时间可延长到24小时左右。北方地区个别年份雨季推迟或生长期降雨量偏多，地势低洼，土壤持水量较普通年份偏高或遇到前旱后涝等气候情况，均应延长敞口时间，巨峰品种由12小时延长至16~24小时，龙眼、红地球等欧洲种品种从24小时延长至36~48小时，必要时还应捂口一段时间，使果品温度降至3℃以下时再扎袋口。

红地球是个极易干梗又对二氧化硫极敏感的品种，敞口预冷时间过长，易出现干梗。预冷时间短，箱内果品温度偏高，封口后易出现结露现象，引起保鲜剂中的二氧化硫释放加速，贮藏前期出现果实漂白。因此，恰到好处地掌握好红地球品种的预冷，是重要技术难点。事实上，国外进口的红地球葡萄，在货架上基本上都是"干梗"状态。如果红地球贮藏中允许有一些干梗，那么红地球品种还是较耐贮藏的；巨峰品种也易出现采后贮运过程中干梗现象，但巨峰在贮藏中较耐湿，对前期保鲜剂中二氧化硫的快速释放有较强的抗二氧化硫能力，从这个角度看，巨峰品种的贮藏工艺较红地球的贮藏工艺更易操作。缓解红地球品种在贮藏中二氧化硫引起的漂白和干梗的主要技术措施是：建设预冷库，实现短时间快速预冷；依据田间果实持水量，确定适宜的预冷时间；使用复合型防腐保鲜剂，减少二氧化硫释放量；加强田间病害防治，减少入库果品带菌量；实施单果包装，减少果梗失水，并可增加敞口预冷时间。

（4）严格说，利用普通冷库预冷，巨峰品种经过12小时的敞口预冷很难使葡萄品温降到0℃，但巨峰果梗又极易失水干梗，这样在葡萄封袋后，仍有一段时间属于预冷期，此期是在码垛以后进行的。因此，码垛是否得当，对前期葡萄降温至关重要。库内要留出足够的空间，使冷风流通顺畅。码垛前，地面要用垫木垫高 20 厘米以上，然后进行品字形码箱。箱与箱间留 5 厘米空隙，一座微型冷库（6 米长×5 米宽×3 米高），应码成 6 垛，垛与垛之间至少要留 20 厘米以上的间距，中间过道宽 80～100 厘米，箱距顶棚应保留 80 厘米左右的间距。垛与墙之间也要留 10 厘米以上间距，使每箱葡萄都能均匀的接受冷气。码垛不好会使部分葡萄品温下降缓慢，每垛中间的葡萄箱先出现腐烂，这与码垛不好、冷气流通不畅有直接关系。

（5）利用自然冷源预冷在北方较冷凉的地区可以采用。葡萄采收期接近霜期的地区，其夜间气温已比较低，而且空气湿度小。贮户必须突击采收，避免葡萄被冻在树上。农民为加速采收后葡萄的品温下降和减少葡萄携带更多田间水分，将葡萄箱摆在葡萄架下或冷库附近通风干燥的场地上，敞口一夜，待天亮前或下露前，再放保鲜药剂，封袋口入库码垛。它通常适合如下情况：一是需要袋内保持较高湿度的品种如巨峰、藤稔、康太等欧美杂种品种。二是东方品种群中果梗耐干燥能力强的品种，如木纳格、龙眼等，这些品种要求贮藏环境湿度要低（85％～90％），要求敞口预冷时间长，为节省能源和加速入库，可在库外预冷一夜。三是霜冻即将来临，必须突击采收。四是微型冷库，大批采下的葡萄无法单层摆放在冷库内预冷。

必须指出，利用自然冷源预冷是目前我国农村制冷设备不足情况下的临时措施。随着冷库设施的增多和预冷库的建设，今后葡萄在预冷库内预冷将成为潮流。

建设预冷库是解决葡萄快速预冷的最根本的方法。但无论是真空预冷库，还是差压预冷库，其建库费用高是问题的关键。国家农产品保鲜工程技术研究中心的科技人员，考虑到我国农村经济水平的实际情况，提出了一种投资较少、折中式的预冷库建设方案，受到葡萄产区的欢迎，即在现有微型冷库的基础上，增加一个同等制冷量的制冷机，再加一个风机，加速冷气的流通，冷库门加一个风帘机，以免因预冷时库门经常开启而引起库内温度过大波动。农民通俗地说："这种预冷库就是大马拉小车"。虽然不太规范，但农民一般能建得起，效果还比较好。这种预冷库，一般适用于5个左右的微型库群，建一个这类预冷库，由于有了预冷库，所以配套的微型冷库可以将库容适当增大一些。农民通俗地说它是："一个大马拉小车（预冷库），带4个小马拉大车的"（微型冷库）。平均装机量并没有增加。

七、如何投放保鲜剂

1. 葡萄保鲜剂种类及选择 影响葡萄贮藏保鲜效果的4个环境因素中（温度、湿度、气体、微生物），微生物侵染占有重要位置，这是因为在采收入库过程中，葡萄出现轻微的伤痕是很难避免的。

如前所述，葡萄防腐保鲜产品多以亚硫酸盐为主剂，靠贮藏环境中的湿度，使水分子通过保鲜剂小袋上的孔眼进入保鲜剂袋内，与亚硫酸盐化合，释放出二氧化硫（SO_2），并从保鲜剂的孔隙散至箱内，起到抑制菌霉滋生的作用，达到防止霉变、腐烂的目的。因此，选择好的葡萄防腐保鲜剂是贮户能否贮好葡萄的关键点。

（1）选择双起动型保鲜剂。有一类防腐保鲜剂（如

CT$_2$），它的起动因素是水（H$_2$O）和二氧化碳（CO$_2$），即双起动因素的保鲜剂。它比较适合巨峰等欧美杂种品种使用。这类品种与欧洲种的较大区别是在入贮前期，温度尚未降到0℃以前这段时间，果实呼吸强度大，箱内会释放出较多的水和二氧化碳，极易滋生霉菌，并造成后期的霉变腐烂。因此，贮藏巨峰类品种较适合选用双起动因素防腐保鲜剂。

（2）双重释放防腐保鲜剂。即前期快速释放与长效缓慢释放（二氧化硫）相结合的防腐保鲜剂。有些品种如玫瑰香、泽香品种，对二氧化硫型保鲜剂抗药能力较强，但在采收中易在果蒂与果粒之间出现肉眼看不见的伤痕。因此，宜选用双重释放型防腐保鲜剂。另一种情况是，一些多雨地区或多雨年份，果园病害较重，入贮葡萄带菌量相对较多，这种情况下，最好使用双重释放型防腐保鲜剂。

（3）复合型防腐保鲜剂。指防腐保鲜剂中除二氧化硫型防腐保鲜剂外，还含有其他类型的防腐药剂，靠多种复合药剂在葡萄箱内释放，来实现抑菌杀菌的目的。这类保鲜剂主要适合于对二氧化硫（SO$_2$）抗性较弱的葡萄品种。这些品种使用单一二氧化硫型药剂，不能像巨峰那样放入足量的保鲜剂，但是放入保鲜量偏少又会在贮藏中后期出现二氧化硫总药剂量不足，出现霉变腐烂。这些品种包括红地球、红宝石、瑞比尔、牛奶、木纳格和大多数的无核品种。这类品种只有通过复合药剂的释放才能实现抑菌、杀菌，又可基本上不出现较严重的漂白药害。这类复合型防腐保鲜剂的主剂原料成本、包装成本等较高，故复合型防腐保鲜剂售价偏高。

（4）防腐保鲜剂的剂型选择。目前市场上的葡萄防腐保鲜剂有3种剂型，即片剂、粉剂和颗粒剂三种类型。片剂是将亚硫酸盐与多种辅料混合或化合后，经压片机压成药片

（一般每片重 0.5 克），然后包装在塑料膜小纸袋内，每小袋装 2 片药，袋子大小为 4 厘米×4 厘米，通常可贮葡萄 500克。选择这种防腐保鲜剂的关键是看片剂的主剂成分、有效含量，二氧化硫释放速度和稳定性、释放的起动因素、有效期长短，以及与品种、栽培环境的合理配合。

粉剂型防腐保鲜剂是以亚硫酸盐为主剂加一些辅剂，通过机械性混合后，按一定量包成粉包，有的先用纸袋装药，然后用塑料薄膜裹卷，药剂从粉包的两端，透过纸袋释放出二氧化硫。这种保鲜剂的前期释放速度过快，易发生药害，常用于短期贮藏或抗药性强的低档次葡萄品种的贮藏。

颗粒型防腐保鲜剂是近年来研制的新产品，是将主剂、辅剂机械混合后又在反应釜内化合后形成颗粒，其释放速度比较稳定，并通过调整辅剂配方和化合工艺形成释放速度和释放量不同的单剂型和复合型的产品。这种剂型已在生产上应用。

二氧化硫型保鲜剂不仅有抑制霉菌、防止果实腐烂的功能，也有抑制呼吸作用和酶活性的功能。目前，国内外葡萄防腐保鲜剂主体还是亚硫酸盐，尚未出现更佳的产品用于葡萄。二氧化硫型保鲜剂一直是国内外葡萄防腐保鲜剂的主体产品。需要指出，带有超剂量二氧化硫的食品，对人体还是有害的。因此，选择葡萄保鲜剂时，应注意是否有绿色保鲜材料的标志。按美国食品与卫生组织（FAD）的规定，每千克食品内二氧化硫残留量不能超过 10 毫克，即占食品总重量的 $1×10^{-5}$。据测定，CT_2 号葡萄保鲜剂贮藏的葡萄，贮后 6 个月测定果实内二氧化硫残留量约为果实总重量的 $5×10^{-6}$，每千克含 3～5 毫克。但是，如果葡萄包装箱内湿度大，保鲜剂释放过快，照样会出现漂白和二氧化硫超标问题。从食品安全角度，贮藏户应极大地关注和合理调控保鲜剂中二氧化硫的释放量。

2. 保鲜剂的使用方法 现以北方巨峰品种和使用 CT_2 号保鲜剂为例说明使用方法。如前所述，CT_2 号属片剂型保鲜剂，每一个小塑膜纸袋内含 2 片药。使用剂量按每 500 克葡萄用一包药（2 片），若每箱装 5 千克葡萄，即用 10 包保鲜剂。投药方法：在投药前用大头针将每包药上扎两个透眼，然后均匀地将保鲜剂放入衬有塑料膜的葡萄箱内。CT_2 保鲜剂属水与二氧化碳双起动的药剂，故药剂不能放入箱的最底层，因为葡萄在入贮后一旦出现结露现象，露滴顺塑料薄膜流到箱底部，箱底易有积水，若有保鲜药剂在底层则会造成药袋内进水，药剂会快速释放。如葡萄箱为单层包袋，可将保鲜药剂部分放在箱的上层，部分放在葡萄穗之间；如果葡萄箱为双层包装，可将保鲜药剂的一半放在一层与二层葡萄之间，另一半放在上层。北方的秋季比较干燥冷凉，一些葡萄贮户在田间边装箱边放药，即在葡萄采收装箱后就把扎过眼的保鲜剂放入箱内，即装完第一层葡萄时，便把一半的药剂均匀放入箱内，然后装第二层，即最上层葡萄，同时把保鲜剂夹放在葡萄穗之间或直接散放在上层。也有的贮户将葡萄入贮预冷后再放上层葡萄的保鲜剂。当使用双层包装箱时，宜在田间将一、二层之间的药放好，以免入贮后放药不方便。贮藏实践表明，一、二层间的放药及放药量对贮藏至关重要。葡萄贮藏后期的腐烂多数从下层开始，除下层葡萄易受挤压损伤的因素，下层葡萄接触保鲜剂的数量小也是不可忽视的因素。在田间葡萄装箱时，箱底下的一层葡萄码完后随即放药，既放药方便，又能保证全箱葡萄的放药均匀性。故北方地区采收同时在田间装箱又同时放中层药更适宜些。由于CT_2是长效缓慢释放型并由水起动的药剂，田间放药虽然会散失一点药剂，但对药效不会有太大影响。当然，要使保鲜剂在箱内放药均衡的最佳方法还是采用单层包装箱。

放药量与扎眼数直接影响葡萄的贮藏效果，放药量偏多或扎眼数增加会使葡萄出现二氧化硫漂白和污染果实；放药量偏少或扎眼数少又会引起二氧化硫在箱内的浓度不够，导致霉菌滋生并腐烂。

上述情况表明，有了好的保鲜剂，并不等于能贮好葡萄，放药方法、放药量及贮藏葡萄的环境调控都是重要技术环节。

(1) 投放CT_2保鲜剂可偏少的情况。按巨峰品种果实每500克放1包CT_2药，扎2个透眼为一般标准，如放药量少于此量，为投药偏少。

①对二氧化硫敏感的品种放CT_2药要少些。如前所述，红地球、木纳格等不抗二氧化硫，而CT_2药扎眼后释放的防腐气体主体是二氧化硫。所以这类品种通常每5千克放CT_2 6～7包，但必须补加其他药剂和快速释放药剂。

②田间带菌量少的葡萄可少放CT_2药。如当年田间病害控制得较好，基本没有田间流行病害，特别是果实成熟季节雨水偏少，葡萄病害较轻；果实在坐果后及时套袋防病；树势健壮，果实负载量适中，果实质量好。这种情况下，可以适当减少CT_2药量，每5千克可放9包CT_2药，较正常放药量减少大约5%～10%。

(2) 投药量不变，适当增加扎眼数。

①田间葡萄带菌量较大。在北方地区果实成熟季节雨水偏多、田间病害普遍较重的年份；从管理水平较低、病害控

制不良的果园采摘的葡萄；南方地区果园普遍湿度较大，葡萄带菌量偏多。

②从较远处果园采摘葡萄入贮或收购二手葡萄入贮等，均应保证投药量充足，并要抓紧销售，不要用于长贮。在这种情况下，每500克葡萄保证按1包CT_2保鲜剂投放，只能略多，不能减少。但每包药的扎眼数可从2个透眼增加到2.5个，但只能是短期存放（1～2个月）。以2.5个透眼一袋5千克包装为例，即5千克葡萄应投放10包CT_2保鲜剂，其中5包CT_2保鲜剂扎3个透眼，另5包扎2个透眼。扎眼数越多，抑菌作用越强，但药害也同时越重，所以要根据葡萄具体情况掌握扎眼数，并在实践中不断摸索经验和学习掌握。

3. 调湿保鲜垫的使用方法　调湿保鲜垫主要用于红地球、木纳格、牛奶等不抗二氧化硫品种的贮藏保鲜。它是由CT_1粉剂等加工的复合药膜。早先使用的CT_1药属无起动因素的保鲜剂，即不论贮藏环境的湿度、二氧化碳、温度等情况如何，它都会在打开包装袋后开始自动释放。新型调湿保鲜垫对于外包装袋材料和包装袋的热合都有极严格的质量要求，要求在葡萄预冷结束和扎口前才能打开包装袋，并取出调湿保鲜垫放在葡萄箱的上层中间，立即扎袋口。如果前期葡萄箱内有结露，则露滴可直接滴落到调湿垫上或被主动吸附到调湿垫上。新型的CT_1保鲜剂是水起动因素药剂，可保证葡萄箱内在湿度偏大、温度偏高的前期，也就是霉菌极易滋生和侵染的前期，CT_1能迅速释放出杀菌气体。红地球、木纳格、牛奶等使用调湿保鲜垫就是靠CT_1药释放出的杀菌气体，补充CT_2药剂总量偏少、抑菌力不足的缺点，从而达到应有的抑菌效果，又不因二氧化硫造成较重伤害。调湿保鲜垫可吸附入贮早期箱内过多的水汽，又可补充贮藏后期箱内湿度不足的问题。

贮户若做到了入贮葡萄的快速预冷，封袋后又基本无结露现象，那么这类贮库没有必要放调湿垫。

八、冷库管理

1. 温度管理　冷库管理的重点是保持冷库温度的稳定性。

（1）冷库的前期管理。葡萄预冷时间通常指葡萄品温达到或接近冰点温度（0～−1℃）所花费的时间。但实际上，在没有专门预冷库和冷库库体偏小的情况下，葡萄很难在敞口预冷的1～2天，果品温度便能达到0℃。因此，早期冷库温度可较葡萄要求的温度低0.5℃，以加速葡萄预冷速度。以贮巨峰为主的冷库，前1周左右时间可将库温降至−1～−1.5℃，当果品温度降至0℃左右时，立即将冷库温度提升到0～−1℃。第一阶段时间长短还与包装箱种类有关。冷热交换能力最差的包装箱是聚苯板箱，其次是纸箱，最好的是板条箱和大孔多孔塑料箱。严格说，用聚苯板箱贮藏葡萄并不适合。此外，牛奶、木纳格这类不耐低温的葡萄品种，早期冷库温度应控制在−0.5～−1℃，然后再提升到0.5～−0.5℃。

冷库温度控制因品种而异，也与成熟度关系密切。凡果穗梗木质化程度高、果粒含糖量较高的葡萄，则较抗低温；果实负载量高，果品质量较差，则葡萄不耐低温。冷库管理人员应根据品种及葡萄质量情况，确定合理的冷库温度。

冷库内不同部位温度也有差异。靠近风机的部位温度最低，而冷库进门无风机的一侧温度稍高。在摆放葡萄箱时，应视品种、质量差异，选择合适的库位码垛。在冷库风机的风口处及每垛的最上层葡萄箱，通常这部分葡萄容易忽凉（开机阶段）忽热（停机阶段），有经验的葡萄贮户通常在靠风机部位用塑料膜、麻袋片等遮挡葡萄箱。如果使用的是板条箱，箱上无盖，则每垛最顶层的葡萄箱用两层报纸覆盖即可。

为了节省能源，当库外温度降到0℃时，应打开冷库的通风机，这不仅可以加速冷库降温，而且还可降低冷库湿度。当外界温度低于−6℃以下时，则不宜利用自然冷源降温。

（2）氨制冷冷库管理应注意的问题。用氨制冷的冷库大多为手动控温，多数尚无自动调温装置。其冷库温度是否稳定，完全取决于冷库管理人员的责任心。这在葡萄预冷期间，尤显重要。氨制冷冷库普遍存在的问题是库管人员夜间休息导致冷库温度波动较大。因此，贮户在葡萄入贮头半个月，应随时入库检查温度情况。对自动控温的微型冷库，贮户也应在葡萄入贮头半个月，随时检查库内温度，随时调整库内水银温度计的温度与制冷机室外自控温度计之间的差数，以库内温度计为准，要避免因电压不稳等因素造成自控部件出现故障，导致库温波动。

（3）冷库的中后期管理。北方地区进入12月后，外界温度已经很低，制冷机起动次数明显减少，同时还应注意防止库温过低的问题。注意检查冷库的保温情况，当发现库温偏低时，应及时采取保温措施。

早春是冷库温度管理的关键时期。冷库的大部分葡萄已出库销售，所剩葡萄不多，库主常常忽视及时开机，这种情况极易在氨制冷的大型冷库发生。

无论是自动温控的冷库，还是氨制冷冷库，都应在冷库内不同部分设置水银温度计，精确度应达到 0.1℃。冷库内的温度应以库内温度计为准，并注意调整自动控制系统的温度与库内温度的差异，更要防止自动温控系统可能失灵，及时检修温控系统及制冷系统。

2. 湿度管理　目前，我国葡萄贮藏基本上都是在葡萄箱内衬有塑料薄膜，因此，冷库的控湿问题与保鲜膜的选择有密切关系。通常贮户比较忽视冷库的控湿，这是不对的。

北方地区晚秋和初冬季节空气比较干燥，而早期葡萄箱内湿度易出现不同程度的结露现象。因此，冷库的湿度应该越低越好。但各种保鲜膜都有一定的透湿性，尤其以 PVC 保鲜膜透湿性更好些，在贮藏中可以选用。当北方地区贮藏巨峰等耐湿品种时，还应当考察后期冷库的加湿问题。

在葡萄入贮的敞口期，冷库湿度偏低，无疑有利散失田间水分。但特殊年份，如后期遇涝害或前旱后涝，葡萄入贮容易裂果。一种方法是按规定敞口预冷 12～24 小时后，再抿口预冷几天后再扎口。

有些情况下，降低冷库湿度则十分重要。在建库第一年，如库体封顶是在雨季，则库内湿度过大；在南方多雨区，库内湿度普遍较大，应在入贮前期，加强冷库通风，降低冷库湿度。

3. 气体流通　葡萄入贮后，呼吸强度较高，一些品种也会释放出一些乙烯等有害气体，所以冷库应利用夜间低温进行通风换气。在库体管理中做到定期通风换气，保持冷库空气清新洁净。

4. 冷库果品贮藏情况的观察与处理　每个库的果品，要按品种、质量等级分别码垛，以便随时观察葡萄贮藏中的变化。各种类型的果品，甚至不同葡萄园采摘的果品，都应选择有代表性的葡萄箱作为观察箱。因为葡萄箱在冷库中所处部位不同，温度、湿度也有差异，在冷库不同部位应选择若干葡萄箱作为观察箱。对于上述不同类型的观察箱，应定期进行检查，前期和后期可每一周检查一次，中期可每半月检查一次。

对葡萄箱检查一般是透过塑料膜观察葡萄有无霉变、干梗或较重的药剂漂白。当发现有上述现象发生时，应抽样敞口检查或从箱内提出塑料袋观察底部果穗的变化情况。对于保鲜药剂可能造成葡萄粒漂白的，应视情况而定采取相应的检查办法，如个别果粒上发现有这种情况，则不必敞口检查，因为这种果粒通常是在采收入贮过程中脱落、半脱落和受伤的果粒；如果是正常果穗相当多的果粒均有漂白现象发生，则应敞口抽样检查，表明药剂引起的漂白已超过正常情况。

葡萄与苹果等水果有所不同，一旦发现葡萄有腐烂现象时，通常发展会十分迅速。目前，对冷库里已发现因各种因素引起较多的腐烂，尚无妥善的补救办法。有的采取将烂果挑出，继续贮藏的办法；有的采取敞开箱口，用药剂熏蒸或增补保鲜药剂的办法，但效果都不太好，常常是徒劳无益。因此，在贮藏葡萄过程中，及时检查、及时发现问题、及时销售至关重要。

九、贮藏葡萄病变原因分析

如前所述，在葡萄贮藏适宜区，巨峰类品种可贮至第二年2月份前后。龙眼、秋黑品种还可推迟1个月左右。在南方地区，贮期会明显缩短，一般只能贮藏至12月上中旬。

如果在入贮后 1～2 个月就出现严重的病菌侵染和生理病变，则说明葡萄质量或冷库管理有问题。

1. 较重的霉变腐烂发生 原因如下：

（1）后期雨水偏多，田间病害较重或葡萄质量差，这类葡萄不能用于贮藏。

（2）将保护地栽培的葡萄用于贮藏，这类葡萄通常灰霉病难以控制，葡萄灰霉菌基数高。

（3）采收及入贮过程中或两次装箱损伤较重。

（4）采收后至入贮间隔期超过 2 天以上。

（5）前期库温偏高和不稳定。

（6）预冷时间过短，箱内湿度过大。

（7）在田间或在冷库内果实受冻。

（8）使用释放量过小或含量过小的保鲜剂或保鲜剂放入量不足，扎眼孔径过小或偏少，保鲜剂在箱内分布不均。

（9）使用聚苯板箱贮藏葡萄，箱内温度始终降不下来。

（10）码垛方法有问题，码垛过紧、过密，垛心部果实温度过高。

（3）至（9）项原因导致的腐烂，均属人为原因，可以预防。

2. 葡萄黄梗、干梗、脱粒 其原因如下：

（1）易干梗、易脱粒的品种如红地球、巨峰等。

（2）采收期葡萄叶片上霜霉病较重。

（3）采前长时间无雨（超过 20 天）或停止灌水过早。

（4）田间存放或装箱后敞口时间过长，在冷库的预冷期间敞口时间过长。

（5）塑料保鲜包装膜过薄，透气性过强，箱内氧气量超过 10% 以上，二氧化碳量低于 1% 以下。

（6）采前使用乙烯利等上色剂或使用无核剂、膨大剂等，红地球等花前使用花序拉长剂用量过大，或沾药时间过早，造成花序拉得过长，穗梗、果梗过细。

（7）葡萄成熟不良，果梗嫩脆，含糖量过低。

（8）氮素化肥施用过多、果肉硬度下降，果粒固着力下降。

3. 贮藏期裂果 其原因如下：

（1）田间已表现有裂果现象，或贮存易裂果品种，这类葡萄不能用于贮藏。

（2）成熟期有涝害，采前 1 周内有大雨。

（3）生长期干旱，特别是坐果后连续干旱。

（4）采前半月内大量灌水。

（5）负载量过高，氮肥施用量大，果实含糖量低于 14%。

（6）采前受到轻微冻害。

（7）预冷时间偏短，袋内湿度过大。

（8）葡萄成熟期白粉病较重，葡萄糖度低及感染酸腐病者。

4. 保鲜剂药害漂白严重 其原因如下：

（1）贮藏了对二氧化硫敏感的品种，如红地球、红宝石、瑞比尔、牛奶等。

（2）采收至入贮造成机械损伤较多。

（3）果实负载量过高，果梗脆绿，果皮薄。

（4）采前或入贮后发生较重的裂果。

（5）采前葡萄受早霜冻危害。

（6）入贮后，预冷不到位，袋内湿度过大，前期药剂释放过快。

（7）冷库温度波动大（＞1℃），库内不同部位温度不均衡。

（8）保鲜剂使用量偏大，如对二氧化硫敏感的品种采用巨峰品种的用药量；果箱装果量不足，造成用药量超标；扎眼数过多或扎眼孔径偏大。

（9）使用释放速度过快的粉剂保鲜剂。

十、贮藏保鲜品种各论

本章前述部分主要是以我国鲜食葡萄第一主栽品种——巨峰为标准品种进行论述，在各论部分不再复述。对其他极具特性的品种则论述较少。考虑到一些品种引进时间较晚，但发展速度较快，且不少属世界型品种，如从美国引进的红地球品种即属此类品种。红地球品种在短短的几年时间里，已经成为我国第二大主栽品种，并正在引领我国鲜食葡萄走向世界市场。据 2005 年的不完全统计，其出口量已超过 5万吨，超过我国历史最高鲜食葡萄出口量的 10 倍，它正在为中国成为世界鲜食葡萄主要出口大国做出更大贡献。为此，品种各论部分将以红地球品种为主，选择几个有代表性的品种，在前面系统叙述的基础上，仅将这些品种较特殊的技术关键点做一简介。

1. 红地球葡萄贮藏保鲜 红地球葡萄属欧洲种中的杂交品种[（皇帝×L12-80）×S45-48]。一般都认为它为最耐贮运的品种之一。但是我国生产与贮藏实践表明，红地球葡萄是"既耐贮又难贮"。说它难贮藏，是因为该品种不抗二氧化硫型防腐保鲜剂，还有它的果梗、穗梗易干枯。国外对红地球葡萄贮藏多是用气调冷库，并以二氧化硫发生器进行定时、定量通入冷库熏蒸的方法，这不仅需要调温、调气、调湿设备，还需要二氧化硫发生、二氧化硫清洗、二氧化硫隔离帐等系列设备，投资大、耗能高。国内虽然已有设备引进，但工艺技术流程不配套，干梗较严重，尚处试用阶段。

在普通冷库预冷和贮藏保鲜有以下关键点：

（1）葡萄生长发育期，特别是果实生长后期极易感染贮藏中的最大病害——灰霉病，严重时，可在葡萄采收前揭除套袋的几天时间里，立即就可染上灰霉病。因此，要抓住葡萄萌芽后 2～3 叶期、花前花序分离期、果穗套袋前打好三次以防灰霉病为主的杀菌剂；成熟期，特别是揭掉果袋后及采收前要打一次液体防腐保鲜剂。葡萄采收前决不允许使用葡萄生长期田间防病杀菌剂。

（2）该品种果实表面，看似果粉较厚，但在显微镜下观察发现，果皮表面果粉分布不均衡，有很多几乎无果粉、呈蜂窝状的空洞。在贮藏中，果皮表面产生"渗糖"，即有果汁从果内渗出，形成"水珠"，这些果粒破损流出的汁液，就为各类贮藏病菌提供了极好的培养"饲料"。主要危害菌有黑根霉、青霉、链格孢霉等。克服方法：增施有机肥和磷钾肥，增加果皮厚度和含糖量。通常果实含糖量＞17 度以上的葡萄，"渗糖"情况很少发生。微细观察，出"水珠"部分多有小的裂缝。因此，采收、装箱、贮运中防止磕、压、刺、磨伤很重要。

（3）干梗是红地球品种贮运中极难克服的问题，即便是从国外进口的红提，干梗也很严重，完全解决难度较大。据显微观察，其果梗的蜡质层薄、凸凹不平、比表面积大、易失水是其根本原因。应注意如下技术环节：使用花序拉长剂时，用药浓度不要高于 5 毫克/千克技术，以免因花序拉得过长而变细；入贮果实行单果包装，既减少敞口预冷时间偏长时的果梗失水，又可减少二氧化硫伤害；果实成熟期天气过于干旱，应适当补充土壤水分，避免采收前已经干梗；采前喷施液体防腐保鲜剂内加入防止失水的涂被剂；采前防治灰霉病、白腐病、房枯病及链格孢霉菌的侵染和危害，这些真菌病既危害果，也危害果梗及果穗轴、果穗分枝，贮藏中表现为干黑梗、干褐梗。

（4）漂白。红地球属低酸低糖型品种，不耐保鲜剂释放的二氧化硫，极易出现漂白。解决方法：综合应用防腐保鲜剂，包括采前液体防腐保鲜剂的喷洒或浸药；应用复合型保鲜剂及双向释放型保鲜剂（快速释放＋缓慢释放）；使用单层包装箱和单果穗包装，适当延长预冷时间，防止袋内有结露现象；采前15天停止灌水，如遇成熟期阴雨连绵天气或后期雨水偏多，要推迟采收期，缩短贮藏期；树上修整果穗，树上分级，一次装箱；保持贮运环境温度的一致性，防止温度波动；注意码垛方式，加大箱与箱、垛与垛之间的间距，通风道宽＞100厘米，靠库壁留出＞20厘米的散热带，库底留出＞15厘米的散热带，并缩小每个垛的容积。

（5）冻害。红地球葡萄相对含糖低，果实品温要高些，最低品温为－0.8℃。预冷时，当果温达到0℃时立即停止预冷。

与红地球品种相似的还有圣诞玫瑰和红宝石（红意大利）及其他晚熟、极晚熟低酸低糖型品种。

2. 秋黑葡萄贮藏保鲜 属欧洲种极晚熟耐贮运的硬肉、高酸高糖型品种。

贮藏中注意如下事项：

（1）在不遭受霜冻的前提下，尽量推迟采收，以利增糖，增强贮藏性。

（2）对二氧化硫耐性强，放入的保鲜剂量参照巨峰品种，放药量要足，每5千克包装箱可放 CT_2 防腐保鲜剂10～11包。

（3）能够忍耐高二氧化碳（5%～10%）和低氧（2%～3%），应使用较厚的 PE 和 PVC 保鲜膜，膜厚应＞0.04毫米；

（4）耐低温力强。贮藏温度为－1～－0.5℃（果温）。

龙眼品种、玫瑰香品种等均属与秋黑类似品种。

3. 牛奶葡萄贮藏保鲜 该品种属皮薄、梗绿肉脆型品种，为采收装箱运输过程中易破损、易压伤、易脱粒、易腐烂、不抗低温、不抗二氧化硫的难贮藏的品种。

贮藏中应注意如下事项：

（1）延迟采收。牛奶葡萄属中晚熟品种，成熟后，可相当一段时间留在树上，不仅不会影响果实外观和风味品质，而且还能提高果实含糖量、硬度和耐藏性，故宜通过延迟采收来增加销售时间。

（2）用单果包装袋和单层包装箱，防破损、脱粒。

（3）该品种对二氧化碳敏感，应用透气性强的 0.02～0.03 毫米的 PVC 或 PE 保鲜袋。

（4）牛奶葡萄对二氧化硫敏感。应采用与红地球品种相似的防止果实漂白的技术措施。

（5）在贮运中，牛奶葡萄果皮易出现变暗或变成浅褐色等变色现象，为酶促褐变和非酶促褐变两种因素所致。解决方法：控制贮藏果温为－0.5～0.5℃，防止低温引起的褐变；使用0.02毫米、0.03毫米 PVC 或 PE 保鲜袋，防止高二氧化碳和低氧引起褐变；精细采收，防止压、磨变色。易出现褐变的品种还有优无核、森田尼无核、意大利等品种。

与牛奶品种相似的还有在新疆被称为马奶的品种，还有木纳格、理查马特、美人指、女人指、矢富罗莎及一些国外引进的无核品种（不包括新疆无核白）。

十一、贮户应注意的几个问题

1. 及早发现问题，及早处理

（1）当贮户发现果实腐烂现象，并有加重的趋势时，可采取如下措施：

①将库温下调 0.5℃，最低到－1.5℃，并抓紧销售。

②将库温下调 1℃，最低到－2℃或再低些，这种情况下，果梗将受冻，果粒不会受冻。

③使用小型酿酒设备酿制葡萄酒。

④早期发现霉变、腐烂，证实是放药量不足时，可通过增加药剂投放量，缓解腐烂的进展速度，并抓紧销售。

（2）当贮户发现漂白现象超出正常情况时，并证实是放药量过大或用药种类有问题，则应：

①调整用药量到适度程度，既适当减少用药量。

②减缓药剂释放量，控制引起保鲜剂释放快的环境条件，如降湿、降温、稳定温度等。

2. 精细操作、步步到位

贮户一定要明白，葡萄是个活体，它受品种、栽培条件、气候条件、贮藏条件等多种因素影响；贮藏葡萄是个系统工程，在操作中要精细，步步都要到位，才能贮好葡萄。

3. 不追求贮期长，而追求效益

新贮户不要期望值过高，不要追求贮期长，不要追求最高价位，应坚持"短贮、快售"、"有盈利就出库"的原则。市场是变幻的，但也有其自身规律可循。与苹果、梨、柑橘比较，葡萄更要求"精细的贮藏"和"多环节配合"。因为有"难的一面"，才有盈利的更大空间。正是"好贮的，不一定好卖"，"好卖的，不一定好贮"，所以贮葡萄的利润空间也较大。只要贮户能认真学习，不断总结经验，葡萄贮藏会给你带来可观的效益。事实上，全国各地因贮藏葡萄而致富的大户，都是多次参加培训，善于学习，善于捕捉信息，敢于闯市场的开拓者。笔者所了解的贮藏致富大户，都有过贮藏葡萄失败和受损失的经历。不管是成功的经验，还是失败的经验，都要靠自己不断积累。在葡萄贮藏中永远的胜利者是没有的，只有勇于不断攀登的人才是胜利者。

第六章　利用自然冷源的
葡萄贮藏保鲜

　　节省能源是葡萄贮藏保鲜产业必须关注的问题。千百年来，我国葡萄栽培者结合各地区的自然条件，充分利用自然冷源，创造了多种传统贮藏方式，如辽宁西部、河北昌黎一带的地下死窖贮藏和活窖贮藏，山西、陕西的土窑洞贮藏，新疆的凉房挂藏，河北张家口地区、甘肃兰州的筐藏以及缸藏、沟藏等等。20世纪在80年代至90年代初，这些贮藏形式中的地下活窖贮藏和土窑洞贮藏得到一定发展。河北省张家口地区、辽宁西部地区贮藏规模曾达到2万余吨葡萄贮量。这应得益于很多现代的贮藏保鲜技术和材料的融入，如机械通风设备、保鲜剂及多次熏硫方法的应用等。

　　20世纪90年代初，国家农产品保鲜工程技术研究中心研发的微型节能冷库以一种"少投入、小规模、大群体、大基地"的运行模式对传统的贮藏方式产生巨大冲击，推动了我国葡萄贮藏产业的发展。但是，一些自然冷源丰富的北方冷凉地区，建一些机械通风窖、冰窖、土窑洞与现代的贮藏技术结合起来，贮藏一些耐贮藏的龙眼、红地球、秋黑等品种，用于调节销售期和市场供应期等仍有一定实践意义。在我国西部光照充足的高寒山区，冷棚和日光温室葡萄成熟期可推迟到11月、12月份采收。随着寒地设施葡萄产量的不断增加，建设充分利用自然冷源的窑洞或地下机械通风库，完全可以接近机械冷库的温度指标。总之，从节能角度，在冷凉地区建设中短期存放的机械通风库、冰窖等充分利用自然冷源的贮藏设施都具有重要意义。

一、窖　藏

利用深入地下的地窖进行贮藏称为窖藏。窖藏与沟藏的区别为，窖内留有活动空间，贮藏期间人员可以进入窖内检查产品，而且可以较方便地调节温、湿度，贮藏效果比较稳定，风险性比沟藏小。

窖有临时、半永久性及永久性之分；按构造分为棚窖、井窖、窑窖三类，其中以半地下式活窖贮藏应用最为广泛（图 6-1）。

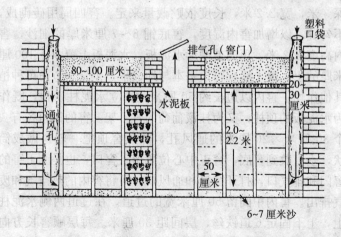

图 6-1　棚　窖

建造活窖时，先在地面挖一个长方形的窖身，窖顶用预制水泥板、木材、秸秆、土壤做棚盖。根据入土深度可分为半地下式和地下式两种类型。

寒冷地区多用地下式，入土深 2.5～3 米。棚窖的宽度不一，宽 2.5～3 米的称"条窖"，4～6 米的称"方窖"。窖的长度一般为 20～50 米。窖顶的棚盖用木材、竹竿等作横梁，在上面铺成捆的秫秸。气温下降时，可在窖顶覆盖泥土，增加保温性能。窖顶开 1～2 个窖口天窗，供通风及人员进出之用。大型窖常在两端或一侧开设窖门，以便于葡萄下窖和贮藏初期的通风降温。上述的是一种自然通风窖。若在出风口加一风机，在夜间低温时启动风机抽风，其降温效果会更好些。加风机通风的被称为机械通风窖。

1. 地下活窖建设及贮藏技术要点（图 6 - 1） 地下活窖贮藏葡萄曾在辽宁省西部葡萄产区得到广泛应用。选择背阴、通风、干燥的地方建窖。大多数建在大葡萄架底下。窖深 3 米，宽 2.2 米，长度依贮藏量来定。窖四周用砖砌成，不勾缝，以增加窖内湿度，窖底铺 6～7 厘米厚的细沙，窖内高度 2.2 米，顶棚盖槽形水泥板，水泥板上覆 80～100 厘米厚的土。覆土后，窖顶基本与地面平，生长季节尚可种植其他作物。窖内以边长约 50 厘米距离立水泥柱 1 根，既作为水泥板的顶柱，又为挂藏葡萄的骨干架。窖的四角各有一个 30 厘米×20 厘米的通风孔，并从窖顶把一塑料做成筒状，垂直放到窖底，窖正中心位置留一窖口，也是上下窖的窖门和排气口，打开窖口和通风口，可将窖内的热空气和废气排出。窖内中间留 50 厘米宽的过道。在过道两侧水泥柱上，上下固定 6 道铁丝，层间距 30 厘米。每层顺窖长方向间隔 15 厘米拉 1 道铁丝用于挂藏葡萄。二氧化硫熏蒸时，遇水即溶入水中而成亚硫酸，它对金属设备，尤其是铁、锌、铝有强烈的腐蚀作用，故铁丝等需要防酸保护。

2. 贮藏窖的消毒　果实入窖前，按窖容积计算，1 米³用硫磺粉 5～10 克装入铁盒，用少量酒精沾湿，放于窖内靠近地面的支架上，下面用酒精灯加热，使硫磺粉燃烧，产生二氧化硫气体，关闭通风口和窖口，熏蒸一昼夜后，打开通气口排出废气。

3. 选果入窖贮藏　以极晚熟的龙眼为主要贮藏品种。延迟至 10 月下旬采收，即在第一次早霜以后，棚架上果穗部位气温达 0℃左右时。此时，窖温为 8℃左右，直接从架上选择穗型完好的果穗，剔除病、破粒，连同枝条剪留 5 厘米，直接送入窖内。果穗送入窖内的方法是用一小钩钩住果穗，依次挂在铁丝上。

4. 多次二氧化硫熏蒸灭菌　果实全部入窖后，立即用二氧化硫熏蒸。用量为 1 米³ 容积 3 克硫磺粉，方法与空窖消毒法同，即点燃硫磺，封闭通气口，熏蒸 30～60 分钟，而后打开气孔换气。入窖初的 1 个月内，气温稍高，每隔 10 天按上法熏蒸一次，以后气温降至 0～1℃，每月熏蒸一次。如果在贮藏期间入窖取果次数较多，要适当增加熏蒸次数。3 月初气温开始上升后，应每隔 10 天熏蒸一次。

结合每次熏硫，可在熏硫前进窖全面检查，如有烂粒，要及时剔出。

5. 调节温湿度　适宜窖温掌握在 0～-1℃。刚入窖时气温一般在 8℃左右。为了尽快降低窖温，夜间应全部打开通风口和窖口，并在日出前关闭。约 1 个月，窖温可降至 0℃，然后关闭通风口。以辽宁省葫芦岛市的气候条件为例，只要在最冷月封闭好通气孔，由于贮藏窖为全地下式，窖温不会降到-2℃以下。春天，当窖温开始上升以后，仍按入窖时的办法，晚间打开通气口通风，日出前关闭。

相对湿度控制在 90%～92%之间，如见窖底沙子发白，即向地面喷水。一般每隔 10 天左右需喷一次水。

此外，要注意贮藏窖的鼠害，贮藏窖附近不要堆放柴草等杂物。

辽宁葫芦岛市地下活窖贮藏葡萄的突出优点是在架上预冷，直接下窖，挂藏。整个人窖过程不碰果粒，果粉完整，减少了架面预冷及贮藏过程检查果穗时所造成的果粒损伤，特别是果粒与果柄之间的损伤。

由于窖内湿度较高，贮藏到春天的葡萄几乎无皱缩果粒。通常认为葡萄贮藏的最适湿度为 85%～90%，而辽西地下活窖贮藏湿度高达 90%～92%，这与多次熏硫灭菌相配合有关。若不进行多次熏硫，微生物活动势必加剧。多次熏硫法虽然效果较好，但整个贮藏期间要熏硫十几次，比较费工。先进的庭院葡萄贮藏户则用纸箱装葡萄，内衬塑料保鲜膜，加保鲜药剂贮存，但最好是单层包装箱和用于短期贮藏。

二、土窑洞贮藏

在我国西北黄土高原地区，人们对传统的窑洞加以改进，完善其通风降温功能，创立了独具特色的土窑洞贮藏方式。土窑洞深入土中，借助于土壤对温度、湿度的调节作用，洞内温度较低且平稳，相对湿度较高，有利于葡萄的贮藏保鲜。祁寿椿等研究表明，经过多年使用和管理的土窑洞，冬季放风蓄冷，夏季隔热保温，窑洞内年平均温度比当地外界年平均温度低 2℃左右，窑内 0℃左右温度可维持 110 天。有的窑洞冬季大量贮冰，夏季封窑，秋季使用时窑洞内的温度可保持在 0℃左右。

1. 土窑洞的结构与建造 按结构形式，土窑洞可分为大平窑和母子窑。大平窑由窑门、窑身和通风口组成。母子窑以母窑作通道，子窑呈非字形排列。窑洞约 3 米高、约 3 米宽、30～60 米长，通风孔内径 1～1.2 米，高 10～15 米。大平窑结构如图 6-3 所示。

土窑洞门宜向北，窑门设两道，第一道宽 1.2 米、高 2.0 米，为木门，再挂门帘；第二道为栅门，一般两门相距 3～4 米，比降 15 度，以利蓄冷气保温。窑身整体倾斜，越向内越低；在窑尽头向上凿挖筒形通气孔，如果窑身土厚度不够，则可以加轴流风机排风或增设大烟筒。

土窑洞的建造有掏式和挖式两种。掏式是利用山坡、山崖等自然陡面向内掘进，土层深厚达几十米；开挖式是从地面向下开一条深沟，再在沟内用砖筑起洞体。建造土窑洞要选好地形，以窑门迎风为好，这样有利于通风降温。窑顶上土层厚度至少保持 2 米，并排两窑间的土层间距 5～7 米。土质应选择黏性土打窑洞。

为了把窑温调整到理想的范围，减少入贮初期和贮藏后期温度过高的不利影响，提高土窑洞的利用率和保鲜效果，出现了机械辅助制冷或建立通风体系的土窑洞改良形式。

通风体系建立是改良土窑洞的关键技术。土窑洞通风体系包括窑门、窑身和通风孔。土窑洞通风的原理是当外界空气温度低于窑内时，利用通气孔内外空气的压力差，使通气孔内空气外溢（流），形成气流，将窑内热空气排出，外界冷空气由窑门涌入。在果实不受冻害的前提下，通风量越大越好。

一般选择通气孔规格为：下方直径为 1.0 米，上方直径为 0.8 米，地面砖砌"烟筒"高 3 米左右，通气孔（"烟

— 175 —

筒")地面处有开关门（窗），通气孔底部（窑地面）挖一个直径1.2米、深1.0米的冷气坑。

　　土窑洞投资少、耗能低、贮藏效果较好，比较适合我国西北地区农村目前经济和生产力水平。

　　2. 使用管理技术要点　土窑洞贮藏葡萄传统方法是在窑洞内设架，分层堆放或挂藏，待出售时再装箱。贮藏窑洞的消毒、选果入窑洞、熏蒸灭菌等与窖藏相似，不再复述。目前，多数葡萄贮户都改用使用保鲜剂、保鲜膜等现代保鲜材料，但对于多次熏硫法与保鲜剂交叉使用，仍具有实际价值。

第七章 葡萄酒酿造

一、葡萄酒概述

1. 酒的概念 1999 年出版的《辞海》里对酒的定义是：酒，用高粱、大麦、米、葡萄或其他水果发酵制成的饮料。如白酒、黄酒、啤酒、葡萄酒。可以看出：第一，酒是一种饮料；第二，酒是含酒精的；第三，酒是经发酵酿制而成的。

酒的分类，现实生活中的所有酒，按酒的工艺特征可分为三类：发酵酒，如黄酒、葡萄酒、其他水果酒等；蒸馏酒，如白兰地、威士忌、伏特加、中国白酒等；配制酒：如味美思、桂花陈、药酒、补酒、利口酒、调香酒等。

国际葡萄与葡萄酒组织（OIV）对葡萄酒的定义：葡萄酒是指破碎或者未破碎的新鲜葡萄的果实或者葡萄汁，经过全部或者部分酒精发酵后获得的酒精饮料，其酒度不得低于 8.5％（V/V）。

中华人民共和国国家标准 GB/T 17204—1998《饮料酒分类》中对葡萄酒的定义：以新鲜葡萄或葡萄汁为原料，经全部或部分发酵酿制而成的，酒精度等于或大于 7％（V/V）的发酵酒。可见葡萄酒：第一，是以新鲜葡萄或葡萄汁为原料；第二，是经过酒精发酵酿制而成的饮料；第三，是酒精含量必须等于或大于 7％（V/V）。

2. 葡萄酒的历史 葡萄酒是大自然赐予的，人类最先发现鸟儿吃了存放于树洞的葡萄粒就特别兴奋，于是受之启发才有意识思考探索进而创造出了葡萄酒，所以葡萄酒的存在当先于人类的文字记载而存在。按现在分析，鸟儿囤积食物把葡萄粒存放于树洞，在无意间找到了适合酵母活动的环境，使在野生自然酵母的作用下葡萄分解发酵生成一定量的酒精，鸟儿吃了含酒精的葡萄粒故尔会兴奋。据考证，人类栽培葡萄的历史大约在 7 000 年以前，在南高加索、中亚细亚、埃及等地区就有葡萄栽培与酿酒。在埃及古墓的考古中，发现了大量关于葡萄和葡萄酒的珍贵文物，其中在浮雕上就有描绘公元前几千年收获葡萄酿造葡萄酒的场景，可以看出当时是怎样采收葡萄及破碎和发酵过滤的，那时人们是用人脚踩踏来破碎葡萄的。1996 年有报道：考古学家在伊朗北部扎格罗斯山脉的一个石器时代晚期的村落里，挖掘出的一个罐子经研究证明是葡萄酿制的液体。人类距今 7 000 年以前已经开始喝葡萄酒了，这说明人类在很早就栽培葡萄、酿造葡萄酒、饮用葡萄酒了。

葡萄酒在中国有些人认为是外来品，这是缺乏对整个中国酒和葡萄酒发展史的了解。只能说在我国漫长的历史进程中的一定时期以及进入近代后我国葡萄酒发展落后了。葡萄酒未能占有酒类产品消费的主流。中国是葡萄种质起源地之一，经过我国科学家及广大葡萄工作者多年的研究调查，原产于我国的葡萄属植物约有 30 余个种和变种。我国最早有葡萄的文字记载的是《诗经》，有多处对葡萄的描述，距今已有 3 000 多年。

尽管葡萄酒在中国历史上曾有过辉煌，但中国长期处于封建社会，闭关自守、自给自足的小农经济使葡萄酒生产始终停留在手工小作坊生产形式下。人们在为"吃饱饭"的抗争中，始终把有吃有喝看成是一种美好追求。"朱门酒肉臭，路有冻死骨"即是当时历史的写照。特别是近百余年的历史，兵荒马乱，灾荒频频，中国的葡萄酒业几近灭绝。另一方面，在经济与技术落后的情况下，以粮食为主体的"籽粒农业"以其贮存简便而成为中国农业的主体，同时也催生了以粮食为原料的烈性白酒、黄酒产业，并成为酒饮料的主流。长期低下的生活水平，固有的饮食习惯，使葡萄酒在这漫长的封建社会历史岁月里裹足不前。

3. 现代中国葡萄酒的发展　中国真正意义的工业化葡萄酒生产是清朝末年爱国华侨张弼士于 1892 年在山东烟台建立的张裕葡萄酒厂。该厂从欧洲引进了较现代的酿酒设备和酿酒专用的优良葡萄品种，开始了中国现代葡萄酒的生产。新中国成立前，山东、北京等 6 家酒厂总生产量不过 200 吨。新中国成立后，中国葡萄酒产业得到较快发展，截至 1978 年，葡萄酒总产增至 6.4 万吨。改革开放以来，中国葡萄和葡萄业的发展进入一个迅猛发展阶段。中国葡萄栽培面积已达 42.1 万公顷，居世界第五位，已进入世界前列；从产量上看，中国葡萄总产量 517.6 万吨，也是世界第五位。目前，中国葡萄酒总产量已突破 41 万吨，葡萄酒设备、工艺、原料品种等与国外已基本接轨。有的是国外独资在中国办厂，有的与国外合资，在中国建立合资酒厂，有的则聘请国外技术专家作酿酒师，引进西方葡萄酒酿造设备与工艺及新品种等等。同时中国的葡萄酒业开始重视发展葡萄酒原料基地建设，注意品种的名种化和优系的选择，选择适宜栽培的区域，包括气候区域的选择、地块与土壤选择等。20世纪 90 年代中后期，受太平洋彼岸吹来的"红葡萄酒更有利于人类健康"的影响，中国兴起种植红酒葡萄原料、酿造红葡萄酒的高潮，与此同时，大大小小的葡萄酒庄也雨后春笋般地涌现在中国大地。目前中国葡萄酒业从原料、设备、生产工艺、产品标准、原料质量等等都在不断与国际接轨，中国葡萄酒正在迎来历史少有的发展机遇。

4. 国外葡萄酒的发展　国际葡萄酒年产量近年有所下降，基本稳定在 3 000 万吨上下。其中被称为"葡萄酒旧世界"的法国、意大利、西班牙、德国等欧洲国家，葡萄酒产量下滑较明显；"葡萄酒新世界"的美国、澳大利亚、阿根廷、智利、南非等国，其葡萄酒的生产方式比较集约化，如美国加利福尼亚州盖洛一家工业化葡萄企业的生产量就达70 余万吨，正在向近百万吨迈进，相当于我国现有的全国葡萄酒厂家近 2 年累积的葡萄酒产量。欧洲国家虽然葡萄酒产量很高，但有很多还是由众多小酒庄、小酒堡来生产。法国最著名的红葡萄酒产区波尔多地区，年产葡萄酒 60 余万吨，就是由 1 万余家家庭式酒庄生产的。法国年产葡萄酒占世界的 23% 左右，约 700 多万吨上下，有相当数量的葡萄酒是由小的酒庄生产的，其中许多都是世界有名的高档葡萄酒品牌。在法国的波尔多、勃艮地、香槟等产区都分布着众多世界闻名的葡萄酒堡。意大利也是一个神秘的葡萄酒王国。历史上通过希腊、意大利使葡萄与葡萄酒传向亚洲等世界的很多地区。在葡萄酒的"新世界"国家如美国、澳大利亚、智利等国的葡萄酒产业几乎都有意大利、法国等"旧世界"国家酿酒者的印迹。亚洲葡萄酒是世界的薄弱地区，是世界葡萄酒输入区。尽管我国葡萄酒产业已经取得举世瞩目的成就，但无论与世界葡萄酒产业还是与我国饮料中的其他酒种相比都属弱势产业。目前，中国也是葡萄酒的主要输入国。

5. 国内外葡萄与葡萄酒产业比较　我国葡萄栽培的突出特点是从葡萄栽培面积到产量，约80%是鲜食葡萄。国外葡萄栽培面积、产量、品种则以加工为主，占80%左右，鲜食葡萄占次要地位，约占20%。我国葡萄栽培总面积是42.1万公顷，酒用原料栽培面积约6万～7万公顷，只占15%左右。世界葡萄酒总产约2 600万～3 000万吨，我国只占世界总产量的1%左右。中国作为居世界葡萄生产第五位的大国来说，葡萄酒产量如此之少，与世界果树第一生产大国地位十分不相称。中国的酒精饮料年产量达3 000万吨，其中啤酒2 400多万吨，粮食白酒400余万吨，黄酒140多万吨，而葡萄酒只有40万吨，葡萄酒只占中国酒精饮料的1.4%，我国年人均葡萄酒消费量只有0.31升，而法国年人均达60升。

中国人均葡萄酒消费量过低主要还是受经济水平和消费习惯的制约。目前，中国的葡萄酒消费还属奢侈品，主要消费市场在宾馆、饭店和部分高消费群体。由于葡萄酒价位较高，普通百姓还消费不起，葡萄酒尚未成为大众化消费品。近些年来，随着对葡萄酒有利健康等方面的宣传，人们开始重新认识到葡萄的营养保健作用，消费量逐年上升，消费人群正在逐渐扩大。

中国地域广大，南北、东西跨越多个不同气候区。我国是一个多山的国家，自然生态条件繁杂多样，既有大面积的适宜栽培区，也有小区域的特别适宜区，很容易生产出原产地别具风格的特色优质葡萄酒。许多河滩、山谷的沙石砾土不宜种植浅根性农作物，但对葡萄生产，特别是对于生产酿酒葡萄则更为适宜。中国的葡萄酒应走工业化规模酒厂与产地酒庄、酒堡相结合的道路，形成小规模的产地品种酒与工业化大规模葡萄酒相结合的格局。预计在我国葡萄种植产区必将兴起小酒堡、酒庄、酒窖的建设热潮。

二、葡萄酒的营养与功效

葡萄与葡萄酒的营养成分：葡萄浆果，果粒色泽鲜艳，晶莹欲滴，汁多香甜，含糖量 $10\% \sim 30\%$，富含有机酸、多酚类和色素物质，富含 A、B、C、P、E 族维生素及磷、钾、钙、铁、锌等矿物质，并含有人体必需的谷氨酸、精氨酸、色氨酸等十几种氨基酸。

葡萄酒就是由富含多种营养物质的新鲜葡萄经生物、物理、化学反应酿造的，生成了众多不同于新鲜葡萄的营养物质，是直接吃葡萄所不能得到的，如醇类、酯类及聚合单宁等多酚类物质。葡萄酒的化学成分已被确认和分析出来的有600 多种，其中芳香物质有 300 多种。

1. 葡萄酒的香味物质 葡萄酒中的香味物质主要有醇类、脂类、有机酸类、羰基化合物类、酚类和萜烯类等物质。葡萄酒是营养酒、健康酒，是最适于人饮用的较低酒精度的酒精饮料，这是全世界所公认的。

2. 葡萄酒的蛋白质与氨基酸 葡萄酒的营养成分中还含有 20 余种氨基酸。它是构成生物蛋白质所必须的物质。人体的细胞及生命维持离不开氨基酸，葡萄酒中的氨基酸中有 8 种是人体自身不能合成的，而且葡萄酒中的氨基酸的含量与人的血液中氨基酸含量很接近（表 7-1）。

3. 葡萄酒富含矿物质 葡萄酒中还含有许多矿质元素，如硫、磷、氯、钠、钾、钙、镁、铜、锰、碘、铬等，与人体所需矿质元素有密切关系。

表 7-1　红葡萄酒氨基酸含量与人体含量的比较

（单位：毫克/升）

种　类	葡萄酒	人体血液
苏氨酸	16.4	9～36
缬氨酸	21.7	19～42
蛋氨酸	6.2	2～10
色氨酸	14.6	4～30
苯丙氨酸	25.3	7～40
异亮氨酸	12.4	7～42
亮氨酸	32.2	10～52
赖氨酸	51.7	14～58

引自李华著《现代葡萄酒工艺学》。

4. 葡萄酒含有丰富的维生素　葡萄酒含有特别高的 B 族维生素，包括维生素 B_1、维生素 B_2、维生素 B_3、维生素 B_5、维生素 B_6、维生素 B_{12} 以及维生素 A、维生素 C、维生素 E 族维生素等。

5. 葡萄酒富含多种医疗保健物质　20 世纪 90 年代，国外在对葡萄酒的研究中发现，葡萄酒中含有抗癌等功能的白藜芦醇。美国每年用 200 万美元经费预算研究葡萄酒的保健功能。葡萄酒的医疗保健功能近年来已受到人们的广泛重视。特别是红葡萄酒有益健康，有滋补强身益气作用，能平息焦虑，镇定精神，使人体处于舒适愉快的平衡状态；葡萄酒中的单宁，可以增强肠道肌肉系统平滑肌纤维的收缩性，能调整结肠的功能；葡萄酒中的酸与人体胃酸的 pH 很接近，它可增加胃液、有助消化；葡萄酒中的酒石酸和硫酸钾含量较高，更有利尿、防水肿的作用。

对人体最具破坏性的自由基属活性氧基团。活性氧基团通常因应激反应、光辐射、环境污染、吸烟、过度运动等原因而生成。活性氧的积累会导致动脉硬化，最终引起脑中风、心脏病。研究人员发现，葡萄酒具有抗氧化性，尤其是红葡萄酒中花色素苷、单宁等多酚类化合物具有对活性氧的消除功能，促进肌肤新陈代谢、抑制皮肤黑斑的形成。

由上可见，合理饮用葡萄酒，可抗衰老、防治心血管病、减肥、预防老年痴呆症、滋补助消化、健全内脏机能并有杀菌作用。

6. 神奇的白藜芦醇　白藜芦醇的化学名称为芪三酚，分子式 $C_{14}H_{12}O_3$。1992 年，在葡萄酒中发现了白藜芦醇。1995年，日本山梨大学经过进一步研究确认，该成分多存在于葡萄皮中。它是通过酿造发酵浸渍到葡萄酒中的。据研究，白藜芦醇广泛地存在于植物中，如桑葚、花生、葡萄等。在自然界中，有 70 余种植物中均有发现，而以红葡萄酒中含量最高。在葡萄和葡萄汁中，白藜芦醇的含量很少，通过酿造发酵浸渍等生产工艺，使红葡萄酒中含量明显增加。所以，前面已叙述过的鲜食葡萄和饮葡萄酒不一样，就在于此。白藜芦醇在各类葡萄酒中的含量：红葡萄酒大于白葡萄酒大于加强葡萄酒，优质红葡萄酒其含量达到 5～10 毫克/升。

广为人知的英国和法国地理位置相近，可以通过海底隧道交通往来，是隔海相望的近邻国家。两国人吃的食物及生活习惯相近。但法国人比英国人通常要摄入更多的高脂肪、高蛋白的食品，胆固醇摄入量更大，但世界卫生组织调查发现法国人心血管疾病少，而英国人心血管疾病多，因而心脏病死亡率也高于法国。所不同的是英国人喝威士忌为多，而法国人饮食总是配喝葡萄酒为主。人们把这种现象称之为"法兰西怪现象"或说"法兰西怪事"。20 世纪 90 年代，美国哥伦比亚广播公司曾辟专栏探讨"法兰西怪现象"，其结论就是由于法国人饮用红葡萄酒已成为习惯，而红葡萄酒中白藜芦醇等多酚类物质能有效的降低血栓形成。血栓形成使血管壁增厚，当血液通过狭窄动脉，就容易堵塞，这就是脑梗塞或心梗，造成人的衰老、病死。

白藜芦醇有明显的抗氧化、清除自由基、抗衰老作用，人体中的活性氧基团，是人体最具破坏性的自由基，这就是造成人衰老和各种疾病的总根源。人体的衰老就是氧化的过程，而人体中的自由基使人的肌体组织被氧化破坏、衰老、患病、死亡。葡萄酒中的花色素、单宁、白藜芦醇等多酚类物质通过饮用葡萄酒吸收到体内，起到了抗人体自由基、抗氧化作用，可以使高密度脂蛋白（好胆固醇）增加、低密度脂蛋白（坏胆固醇）减少，使血液不会粥样化，保护了血管壁，不使其增厚，不使血管硬化，因而不会形成高血压、冠心病、高血脂病。

白藜芦醇具有抗癌作用。癌细胞发育有三个阶段，即起始、增进、扩展，白藜芦醇对每个阶段都有抑制作用。有的研究认为对人的5种恶性肿瘤细胞防治都有一定效果，对癌的防治白藜芦醇具有直接的防治功效。

白藜芦醇作为葡萄酒功能性的成分经研究证明对人体的作用有：抗菌作用，抗癌、抗诱变作用，防治冠心病、高血脂症、抗氧化、扫除自由基、抗血栓作用，抗炎症、抗过敏等作用。

三、葡萄酒的分类

由于气候、土壤条件，一些地区特殊的生态因素、资源条件，饮食习俗以及葡萄品种、酿酒工艺的差异，呈现在我们面前的世界葡萄酒真可谓"万紫千红，繁花似锦"。葡萄酒的种类很多，风格各异，按照不同的分类方法可将葡萄酒分为诸多种类。

1. 按葡萄酒的颜色分类

（1）红葡萄酒。是用皮红肉白或皮肉皆红的葡萄带皮发酵而成。酒体中含有果皮或果肉中的有色物质，使之成为以红色调为主的葡萄酒，其颜色一般为：深宝石红色、宝石红色、紫红色、深红色、棕红色等。

（2）白葡萄酒。用白皮白肉或红皮白肉的葡萄经去皮发酵而成。这类葡萄酒的颜色以黄色调为主，其主要颜色有：近似无色、微黄带绿、浅黄色、禾秆黄色、金黄色等。

（3）桃红葡萄酒。用带色葡萄经部分浸渍出果皮中的有色物质发酵而成，它的颜色介于红葡萄酒和白葡萄酒之间，色素物质含量在 100 毫克/升以下，其颜色分：桃红色、浅红色、淡玫瑰红色等。

2. 按含糖量和总酸分类　我们平常饮用的基本不带气泡的干红、干白葡萄酒，半干红、半干白葡萄酒及半甜、甜葡萄酒又可总体归到平静葡萄酒这一类别。

（1）干酒：含糖量小于或等于 4 克/升或者当总糖与总酸的差值小于或等于 2 克/升时含糖量最高为 9 克/升的葡萄酒。

（2）半干酒：含糖量大于干酒，最高为 12 克/升或者总糖与总酸的差值按干酒方法确定，含糖量最高为 18 克/升的葡萄酒。

（3）半甜酒：含糖量大于半干酒，最高为 45 克/升的葡萄酒。

（4）甜酒：含糖量大于 45 克/升的葡萄酒。

3. 按葡萄酒的二氧化碳含量（以压力表示）**和加工工艺分类**

（1）平静葡萄酒。在 20℃时，二氧化碳压力小于 0.05 兆帕的葡萄酒。

（2）起泡葡萄酒。在 20℃时，二氧化碳压力等于或大于 0.05 兆帕的葡萄酒为起泡葡萄酒。起泡葡萄酒又可分为：

①低起泡葡萄酒：在 20℃时，当瓶中的二氧化碳压力在 0.05～0.25 兆帕时，称低起泡葡萄酒或者叫葡萄汽酒。

②起泡葡萄酒：当二氧化碳全部来源于原酒密闭（瓶内或罐中）自然发酵产生时称为起泡葡萄酒。人为加入二氧化碳的叫加气起泡葡萄酒。

③高起泡葡萄酒：当二氧化碳压力等于或大于 0.35 兆帕时，称为高起泡葡萄酒。高起泡葡萄按其含糖量为分：

天然高起泡葡萄酒：含糖量小于等于 12 克/升的起泡葡萄酒。

绝干高起泡葡萄酒：含糖量大于天然酒，最高到 17 克/升的起泡葡萄酒。

干型高起泡葡萄酒：含糖量大于绝干酒，最高到 32 克/升的起泡葡萄酒。

半干型高起泡葡萄酒：含糖量大于干型酒，最高到 50 克/升的起泡葡萄酒。

甜型高起泡葡萄酒：含糖量大于 50 克/升的起泡葡萄酒。

4. 特种葡萄酒

（1）白兰地：只能是由葡萄酒或加酒精中止发酵的葡萄酒蒸馏至酒度≤36%（V/V）。我们通常饮用的白兰地酒的酒精度多为 40%（V/V），即通常所说的 40 度酒。在法国又以葡萄酒蒸馏酒在橡木桶中的陈酿时间长短被分为 VSOP、XO、路易十三等，被称为 XO 的白兰地一般桶内存放陈酿时间都超过 15 年以上，这样可使橡木桶的香气、色素等物质能更多地进入酒中，故其价位也非常高。需要指出，只有用葡萄酒蒸馏来的酒经橡木桶陈酿的才能直接叫白兰地，其他水果酒蒸馏出来的酒必须在白兰地的前面加上水果的名字，如苹果白兰地等；用水果皮渣蒸馏的白兰地则只能叫皮渣白兰地，如葡萄皮渣白兰地等。

（2）利口葡萄酒：在葡萄原酒中，加入白兰地、食用精馏酒精或葡萄酒精以及葡萄汁、浓缩葡萄汁、含焦糖葡萄汁等，酒精度在 15%～22%（V/V）的葡萄酒。

（3）加香葡萄酒：以葡萄酒为酒基，浸泡芳香物质调配而成的，酒精度为 11%～24%（V/V）的葡萄酒。

（4）冰葡萄酒：将葡萄延迟采收，使葡萄在树体上保持一定的时间，当外界气温降到低于－8℃以下时，使葡萄结冰后采收，并带冰压榨获取葡萄汁经发酵酿成的甜型葡萄酒。

四、厂房与设备

1. 家庭酒庄的厂房设计　葡萄酒酿造需要一定的设备与场地。现代化的大型葡萄酒厂一般都是由机械化、自动化的复合生产线组成的。小型酒庄既有自动化的小设备，也有传统手工的简单设备。家庭酒庄多采用一些现代化和手工相结合的设备，产量规模一般在 20～100 吨范围，场地建筑面积约 500 米^2 以内。在厂房设计上应尽量减少投资，如有的家庭酒庄就是用闲置房屋加以改造而成的。家庭酒庄机械加工设备，属于小型化、微型化设备。需要 380 伏动力电源，依设备用电量，配置总功率约在 2～13 千瓦。葡萄酒属食品饮料类产品，首要条件就是在生产过程中要保持良好的卫生环境。车间要设置进水和排水装置，保证进排水畅通，同时还要考虑不能污染环境，尽管排放的水其污染低于生活污水，而且数量有限，但也应考虑去处。无论是家庭酒庄，或者手工酿造葡萄酒，必须保证环境卫生，必须达到食品安全标准，必须达到卫生标准才可使用。在中国，家庭小酒庄、手工酿造葡萄酒，容易与粗制滥造、环境脏、乱、差联系在一起。我们一定要树立酿造顶级精品酒的理念。国外许多高档名牌产品许多都出自于产地酒庄。同时，酒庄的绿化、美化，具有消闲、观赏、游玩、科普功能也是酒庄的重要特征。

2. 小酒庄的车间配置 酿造葡萄酒应依据工艺的需要在厂房内配置前处理车间、发酵车间（包括除梗破碎及压榨、发酵等作业）、贮藏陈酿车间、灌装车间、分析检测室以及辅料库、酒窖、成品库等。一般前处理车间 20 米^2 即可，灌装车间也不要很大，可在 $20\sim30$ 米^2 之间，发酵车间和贮藏车间应大些。发酵车间和贮藏间室内净高度应达到 $4\sim6$ 米，若是上百吨的发酵、贮酒车间还应再高些，主要是发酵和贮酒罐一般较高，会占据很大的空间。发酵与贮酒车间的室内温度最好不要受四季温度的变化影响，不应有高低温度的剧烈变化，车间既可通风又能控制到葡萄酒发酵与贮存较为理想的温度范围内。在黄河以南地区，将葡萄冷藏库与葡萄酒发酵、贮存间连体，借助冷库的冷源是个好办法。车间四面墙体要光滑无污，下部墙面便于用水清洗。地面要有防酸砖或涂层，而且应该便于冲洗，不易存留残污物。

（1）前处理车间。用于葡萄除梗破碎或榨汁。

（2）发酵车间。用于葡萄酒发酵。经除梗破碎后的葡萄果浆导入发酵罐中发酵。

（3）贮藏陈酿车间。该车间是酿造发酵后的葡萄酒导入贮藏酒罐陈酿，有的也可以在地窖中贮存。

（4）灌装车间。葡萄酒在该车间灭菌过滤并装瓶为成品酒。

（5）分析检测室。用以分析酿造各工艺阶段及成品酒的理化指标。

（6）辅助生产设施。如品尝室、展室、酒窖、成品库等。这部分设施可依据工艺要求和资金、环境条件情况灵活掌握。

3. 酿酒工艺设备 工欲善其事，必先利其器。最早的葡萄酒酿造都是手工酿造。这些人工酿造的以木制为主的破碎、压榨等原始设备至今仍有保留，但多数已被用于提升游客操作的情趣，用于展示酒庄葡萄酒酿造的久远历史和深厚的酒文化底蕴。目前，国外仍有少数葡萄酒庄保留着手工酿造的传统工艺和传统设备。为了提高工作效率，国外多数葡萄酒庄采用机械、半机械化的加工设备。由于我国的葡萄酒厂多数规模在数千吨，甚至数万吨，因此适合农民家庭的葡萄酒小型设备的生产尚未引起重视。天津市农业科学院林业果树研究所农产品加工中心为此专门研制了一套小型配套设备，包括除梗破碎机、过滤机、管道泵、灭菌过滤、打塞封口机等，可以满足家庭或小型酒庄的整个葡萄酒酿造工艺流程的需要。

（1）160型除梗破碎机。该设备主要用于前处理的葡萄除梗破碎（图7-1）。原料进入料斗经过对辊挤压使果粒破碎，然后进入螺旋钉齿梳将枝梗分离抛出，果浆（含果皮、种子）流出料口。生产能力：0.5～1吨/小时。

图 7-1　160 型除梗破碎机

（2）200 型螺旋榨汁机。用于白葡萄酒发酵前破碎后的压榨取汁和红葡萄酒发酵后的压榨取汁（图 7-2）。将果浆倒入进料口，葡萄汁经筛筒流出（自流汁）和经螺旋叶轴推压果浆经筛筒流出（压榨汁），皮渣从螺旋末端排出。生产能力：1 吨/小时。

图 7-2　200 型螺旋榨汁机

（3）管道泵。用于输送葡萄酒或葡萄汁到发酵罐或贮藏罐，以及发酵或陈酿时倒罐输送酒液（图 7-3）。

图 7 - 3　管道泵

（4）过滤机。分硅藻土过滤机和板框过滤机。硅藻土过滤机用于酒液前期粗滤。板框过滤机可用作酒液精滤，换上除菌板还可以用于除去酒体酵母或细菌等微生物（图 7 - 4 - 1、图 7 - 4 - 2）。

图 7 - 4 - 1　硅藻土过滤机

（5）膜过滤机。主要用于酒液灌装前的灭菌，除去酒液内的酵母、细菌等各种微生物，除去各种细小杂质颗粒，使

图 7-4-2　板框过滤机

酒液达到生物学稳定，以利于酒液较长期在瓶内的稳定并保持其酒体晶莹透明的外观及良好的饮用质量（图 7-5）。

（6）打塞机。用于手动机械打塞。瓶口的密封效果是保证酒体在瓶内稳定的重要因素，要想保持适度的瓶塞与瓶口的膨胀度必须机械打塞（图 7-6）。

（7）手动罐装机。用于向瓶内灌装葡萄酒，可以达到适宜的灌装量并限定适度的液位，减少酒液与空气接触的机会，从而避免酒液氧化及微生物污染。

图 7-5　膜过滤机

4. 发酵设备

（1）白葡萄酒发酵罐。罐体用不锈钢板制造，罐身为圆筒形，罐顶封头为锥形；入孔多为椭圆形，内开门；罐底为平底与罐身倾斜一定角度，便于汁流尽；罐的高度与直径之比一般为 0.4～0.5；容积一般为 20～50 米³，小酒堡多采用 5 米³ 以上的小容量发酵罐，还有更小的为 1～3 米³；配

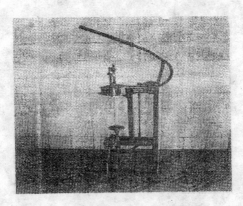

图 7-6 打塞机

有玻璃液位计，冷却方式多采用夹套式冷却带。

（2）红葡萄酒发酵罐。普通的红葡萄酒浸渍发酵罐与白葡萄酒基本相同，不锈钢罐在设计上有液位计，它显示酒在罐中的位置；有温度表，通过温度表可以较容易地得知葡萄酒发酵过程中温度的变化；还有检查孔。为了便于出渣，红葡萄酒的发酵罐下部要设入孔，以便必要时人的出入，入口为方形，向外开门。在清、浊出酒管的接口处设筛网，用以滤去皮渣及果粒，还要便于出液和打循环等。对酒罐的要求必须利于发酵与控制，既可通气又可封闭，这是非常重要的，否则发酵时不好管理也难以酿造出优质的葡萄酒。为了调控葡萄酒在发酵中的温度，有的发酵罐还有制冷与加温装置。

红葡萄酒的发酵罐还有旋转发酵罐及带压渣筐的发酵罐等，现代工业化的葡萄酒厂多是采用自动控温式的发酵罐。农民家庭小酒庄通常多用小一些的发酵罐，在发酵过程中比较容易散热。为了酿制出好的葡萄酒，发酵与贮酒车间如有调温装置或利用当地的自然冷源，如地下窖、窑洞、山洞等也不失为一种节能措施。

5. 贮藏酒设备 葡萄酒的发酵与贮藏设备采用的制作材料经历了从橡木桶、水泥池、碳钢罐到不锈钢罐的发展历程。

橡木桶是一种古老的传统酿酒容器，因造价高、容量小、使用不便等原因逐渐被不锈钢罐所代替。对高档红葡萄酒的陈酿老熟及白兰地的陈酿，橡木桶仍是最理想的设备；水泥池造价低、投资少，在我国早期普遍使用，因受内壁保护涂层处理、对酒体产生不良风味、维护费用高及卫生处理不便等原因目前也被淘汰，生产中少量的还有当作贮藏罐用的；不锈钢罐：不锈钢含铬镍，是当前使用最普遍的葡萄酒发酵与贮藏罐体的所用材料，具有良好的机械性，表面光滑耐腐蚀，卫生条件好，特别容易清洗，相对体积轻，使用寿命长，维护也方便，不易与酒产生化学变化。罐的多少大小依据酒的产量而定。

五、葡萄酒的原料及改良

1. 葡萄采收期的确定 葡萄酒的质量因素受许多方面影响，不是靠单一的工艺就能生产出优质的葡萄酒。不论是哪种酒，红葡萄酒、白葡萄酒，以及其他类型的葡萄酒，都是以葡萄为原料发酵生产的。葡萄质量的好坏是决定葡萄酒质量好坏的第一要素。葡萄酒的质量应当说先天在葡萄，后天在工艺。有的则说原料与工艺的关系是原料占七成，工艺占三成，这说明原料的好坏决定酒的质量，这一理论逐渐深入人心并得到人们的认可。葡萄的种植基地的生态环境、土壤气候条件、栽培品种、栽培管理技术、产量高低、采收时间等都直接关系到酿造何种质量的葡萄酒。且不说别的因素，只就葡萄浆果本身的采收期、浆果成熟度、果梗、果肉、果的色泽、果实的糖酸含量等都与葡萄酒的质量与风格有着不可分的关系。

酿造优质的葡萄酒就要确定合理的采收期。葡萄的成熟期由于气候原因，各个年份之间常有差异，葡萄糖酸含量也不完全一致，因此必须科学合理地确定葡萄的最佳采收期。科学工作者对葡萄的成熟与采收之间的关系做了大量的工作，有的针对浆果成熟提出了一个浆果成熟系数来确定最佳采收期。研究证明，葡萄浆果最大含糖量和最大重量出现在同一时间，而且二者之间的比值对于一定的品种是稳定的，其成熟系数也就是简化为糖和酸的比值。用 M 表示成熟系数，S 表示含糖量，A 表示含酸量，$M=S/A$。一般情况下葡萄成熟过程是糖不断增加而酸度不断降低的过程，为了获得优质葡萄 M 必须等于或大于 20。各个品种因每年的气候不一，地区不一，要选择确定各自的最佳 M 值。如宁夏银川偏南的酿制红葡萄酒的赤霞珠品种，质量好的葡萄采收时的含糖量达 20%，总酸量仍保持在 0.65%，其 M 值＝20%÷0.65%＝30.1。

在严格控制单位面积产量和良好栽培管理条件下，合理的采收期可获得浆果较好的糖度与最高的出汁量及适宜的酸度，所以确定某个品种采收时期对酿造优良的酒质具有重要意义。通常情况下，酿制干型、半干型白葡萄酒、红葡萄酒其果实含糖量应达到 18%～22%，含酸量达 0.5%～0.7%。总之，应根据各个地区气候条件、酒种、原料品种以及葡萄酒质量对原料质量的要求，找出各自不同的最佳采收期。

2. 葡萄果实各部分所含成分及对葡萄酒的影响 酿酒

过程对原料的处理涉及果梗、果皮、果肉、种子等，特别是红葡萄酒是带皮和果肉、种子一起发酵，对酒的成分、风味、结构、质量都有影响。

（1）果梗。果梗是支撑和承载果粒的骨架。果梗在浆果中占有一定的重量和体积，其重量要占果穗总重量的3％～6％。果梗中含有微量的糖和有机酸，含有无色多酚。果梗中有一种涩味是因为含有单宁。经过发酵作用，无色多酚物质经过一系列的化学变化，多形成单宁物质存于酒中。单宁在葡萄酒中与色素、多糖结合，成为一种复合物质。在葡萄破碎、压榨、取汁过程中，通常应避免果梗中的单宁进入葡萄汁中，因为果梗中的单宁是劣质单宁，不利于葡萄酒的质量。在手工酿制葡萄酒时，一般都是用手将果粒从果穗上捋下来，去梗率自然是百分之百，从而高于机械破碎率，这也是手工酿制葡萄酒在提高质量方面的一个优势。

（2）果皮。果皮虽然是在果粒表面仅是薄薄一层，在葡萄酒中，特别是在红葡萄酒中，很多对人体有益的物质来自于果皮。果皮中的花色素，它具有能溶于水和酒精的特点，而红葡萄酒发酵是将葡萄破碎后不进行压榨取汁，直接连果皮、果肉、种子、葡萄汁一起发酵。在发酵过程中果皮中红色素即花色素直接从皮中被提取出来。花色素的特点是易被氧化，葡萄酒在发酵、贮存环境处于高温20℃以上，酒的颜色易变为棕色，低温和隔氧有利于色泽的保持。花色素与单宁、多肽、糖等结合，可以形成复杂化合物，有利于颜色稳定。在陈酿与贮存中花色素有沉淀趋势，小部分形成胶体，过滤时会被除掉。脂类物质也是果皮中的主要物质，如玫瑰香的芳香物质（t-Musca系列香型），只有游离态挥发性芳香物质才表现有芳香气味。

不具备挥发性的结合态芳香物质无芳香气味显露，当它转变为游离态时则会呈现出香气来。其他芳香物质还有水杨酸乙酯、香兰素等几种。

果皮中的脂类物质，多呈果香和花香的气味，如李子味、苹果味、香蕉味等；醛类物质多呈丁香味、风信子气味、肉桂气味、山楂气味等。萜烯类化合物多具有柠檬气味、玫瑰气味。在玫瑰香系列品种中，所检出的挥发性物质的 40%～60% 为萜烯醇，这类品种都具有特殊的玫瑰香或称麝香气味。在酿造初期开始葡萄被除梗破碎时就会被释放出来，葡萄中的香气物质在车间中就满屋生香，气味渐浓。在果皮中的其他成分中也会随着发酵而游离出来，所以在发酵时要尽量使葡萄皮浸渍在果汁中，使果皮与果汁充分接触，以便浸渍提出更多的香气成分。

需要指出，具有抗癌等多种作用的白藜芦醇也基本在果皮里，也属一种酚类物质，它是果皮抵抗病害、紫外线照射等伤害而在果皮上产生的应激抗性物质。

（3）果肉。葡萄果肉在果穗中占总重的 80% 左右，果肉中含有生物纯水、糖、酸、蛋白质、胶体、矿物质、维生素等物质。葡萄经过机械破碎后成为葡萄浆，再经过发酵后转变为葡萄酒。葡萄果实所含的糖类物质主要是葡萄糖和果糖，在充分成熟时葡萄汁含糖量可达到 150～300 克/升。就同一品种而言，每个年份也不一样。各年份气候、肥水、栽培管理差异也会导致葡萄质量的差异。含糖量的高低不仅决定葡萄酒的酒精度，还对葡萄酒的其他质量因素产生影响。

果肉中的有机酸是构成葡萄酒质量的重要物质。对葡萄酒的风格和结构有重要影响。葡萄浆果中包括酒石酸、苹果酸、柠檬酸三种有机酸。葡萄中的酸度除品种外更与气候有关。有机酸在果实着色成熟前形成。果实上色期前后及果实成熟期出现高温天气容易造成含酸量不足。葡萄酒中有适量的有机酸可使白葡萄酒清爽、红葡萄酒醇厚并具有结构感；葡萄酒酸含量过低，葡萄酒会显得淡而无味，葡萄酒酸度过高，则酒体显得粗糙；有机酸能抑制病菌的活动，并有利于葡萄酒的贮藏；有机酸还能溶解色素，使红葡萄酒的颜色鲜艳美丽。

蛋白质在葡萄酒中有两种形态，一种是纤维状蛋白质，一种是球状蛋白。它往往是同氨基酸以及其他物质形成高分子化合物。目前在葡萄酒中发现的有 21 种氨基酸。氨基酸、蛋白质等有机氮物质，约占果浆的 3%，葡萄汁中的铵态氮和一些氨基酸也是酒精酵母的主要营养，用于保证酒精酵母的营养及酒精发酵迅速触发。

3. 原料的改良　葡萄生长的环境因素每年都会有所变化，对葡萄质量稳定影响较大。如有些年份出现低温寡照，则葡萄含糖量偏低，酸度偏高，或者当年生长期雨水偏多，原料会感染多种病害，用这样的葡萄酿造葡萄酒自然会使葡萄酒质量受到影响。反之，某年份风调雨顺，果实成熟期阳光充足、雨水少，葡萄质量好，所酿葡萄酒质量也要好些，这也是我们要在酒瓶上注明年份酒的重要原因之一。为了充分利用不利年份的葡萄酒原料，我们就要对那些某些质量指标达不到标准的葡萄进行调整改进。

（1）含糖量不足。在葡萄发酵过程中是葡萄汁中的糖转化为酒精的。如果葡萄汁的含糖量不足，所酿造出的葡萄酒的酒精度就达不到对葡萄酒酒度的要求。所以在发酵前则需要对葡萄原料的糖度进行改进。改进的方法是需要在葡萄浆中加入人工白砂糖，使酿造原料含糖量提到所需的水平，以达到葡萄酒需要的酒精度。在发酵时加糖提高原料糖度，这是国际标准所允许的，但这类原料所酿的酒通常属中档以下的酒。需要指出，如果某产区所产原料每年都要调整改进，比如加糖或增酸、降酸，那就说明该产区不是气候优势产区或者是栽培管理差，或者是产量过高。

加糖量的计算方法。每升酒中每增加 1% 酒精度，白葡萄酒需要加入 17 克/升糖，带皮发酵的红葡萄酒需加入 18 克/升的糖。所加糖为纯度在 98%～99.5% 的结晶白砂糖。比如：有 5 000 升红葡萄汁（即相当于 5 吨），含糖量为 17 克/升，要求酿造 12% 的葡萄酒，需要加入多少白砂糖？

第一步算出现有葡萄汁可能酿出的酒精度：

17 克/升÷18 克/升=9.4 度（葡萄酒酒精度为 9.4 度，虽属允许范围，但风味要寡淡些，贮存难度也大）。

第二步按要求达到 12 度的葡萄酒每升葡萄汁需加入的糖量：

12 度－9.4 度=2.6 度，每升葡萄酒增加 1 度酒精度需 18 克糖，要增加 2.4 度酒精，故每升葡萄汁增加的糖量是：2.4×18 克/升=43.2 克/升。

第三步带皮葡萄浆汁需加白糖数量：5 000 升×43.2 克/升=216 000 克糖，即 216.0 千克糖。

另一种简便方法：上述所测葡萄浆汁的糖度是指化学测定的糖度，即我们常说的滴定糖，而一般小葡萄酒庄通常只有测糖仪（或称折光仪）。它所显示的糖度被称为葡萄汁中可溶性固形物含量，根据多年的测定经验，它比滴定糖（实际糖度）高约 1 度。简便的方法是：用 22 减去带皮葡萄浆所测折光仪糖度（前面的 17 度糖则增至 18 度可溶性固形物），即 22%－18%=4%，即增加总果浆重量的 4% 的糖，

5 000升（千克）×4‰＝200千克。无需复杂计算。

（2）酸度太高。葡萄酸度太高则相应葡萄酒的含酸量也高。葡萄酒含酸量高，饮用时刺激感太强、无柔和感、不协调，并影响葡萄酒的结构和香味物质的平衡。农民家庭酒庄可在冬季存贮葡萄酒时，利用冬季低温这一自然冷源降酸，同时也达到了冷冻澄清的目的。除物理方法，还可通过人工添加乳酸菌来分解葡萄酒中的苹果酸；通过添加碳酸钙（$CaCO_3$）化学降酸。

（3）酸度过低。对葡萄酒来说如果酸度不够，饮用时会感觉平淡无味，缺乏厚度感。酸度低可以直接增酸，即在葡萄酒发酵前对破碎后的葡萄汁里添加酒石酸。方法是用少量葡萄汁将酒石酸溶解，而后均匀地加入到待发酵的葡萄汁中。有的则用未充分成熟的、含酸比较高的葡萄取汁作为调酸的材料，这总比添加化学品为好。

对于农民家庭酒庄或农民家庭手工酿制葡萄酒来说，要尽量避免对原料加糖、调酸。要充分发挥农民家庭酒庄规模小的优势，严格控制葡萄园的产量，多施有机肥和钾肥，一般都可使葡萄糖度超过 18 度，达到 20 度。我国不少暖温带、亚热带地区夏季 7～8 月份月均温度高达 25℃以上。我们认为，这样的地方最好不要酿制干红、干白葡萄酒，要么就像上海玉穗酒坊那样，到适宜区选择原料基地，或采用特殊栽培技术（遮雨栽培），用二次结果技术调节产期，避开高温期。

六、红葡萄酒的酿造工艺

红葡萄酒采用果皮红色的葡萄作为原料，经过除去果梗，将果粒破碎或不破碎，使果皮、果肉、果汁、种子一起发酵。基本原理是通过微生物酵母菌的发酵分解果浆中的糖，最终转化成酒精及其副产物。在无氧条件下，酵母菌通过对糖的不完全分解，形成乙醇和二氧化碳和热量，这一过程叫发酵（图7-7）。

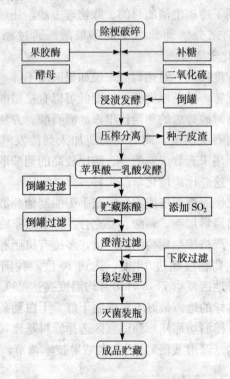

图7-7　干红葡萄酒工艺流程图

1. 除梗破碎　多用除梗破碎机，一般是先除梗后破碎，有的是先破碎后除梗。破碎是为了使果汁流出，有利于发酵，有利于果皮与酵母接触，使果汁与果浆中的固体部分充分接触，有利于酵母活动，有利于色素、单宁和芳香物质的溶解，利于酒精发酵的触发。对机器的要求是尽可能地不要将果梗挤烂或将种子压碎。发酵时不能与果梗混同发酵，果梗溶解物中含有草味和苦涩味，影响酒的质量。果梗中不含糖，混入发酵液中易吸收发酵液中的酒精，但也有的则主张保留约20％的果梗混入果浆中参与发酵，以提高葡萄酒的酸度，适度增加单宁物质。同时，果梗还可以吸收发酵热，可限制发酵液的温度，对于是否保留少量果梗，要视品种及对酒的风味要求而定，通常是应清除果梗发酵。对于果粒的破碎度问题，有的人主张保持20％的果粒不破碎，这样发酵有利于提高葡萄酒的芳香物质。通过除梗破碎后的果浆应尽量少接触空气，迅速用果浆泵打入发酵罐中。除梗破碎后的果浆迅速泵入罐中，但不能将罐装满，因为发酵是酒帽上升的过程，需要留有一定的空间，否则酒液就会外溢。通常最少应留出发酵罐总容1/4的空间。

2. 二氧化硫处理 果浆进入发酵罐后要及时进行 SO_2（二氧化硫，下同）处理。果浆中加入 SO_2 的目的是使发酵顺利进行。

SO_2 具有六大作用：选择杀菌作用，澄清作用，抗氧与抗氧化作用，增酸作用，溶解作用和改善风味的作用。

SO_2 首先是能起到杀菌作用。葡萄在采前是以活体状态生长于树上，对各种微生物的抗性比采后离体存在状态要强些。但经过破碎后，果汁从果粒中溢出，是各种微生物的优良培养基，如不及时处理任其自然发展。各种有害微生物会很快繁殖发展，甚至果浆完全变质而无法酿酒。细菌对 SO_2 最敏感。SO_2 加入后首先可杀死一些细菌，其次是杀死或抑制会导致葡萄酒出现病变的一些杂菌。葡萄酒酵母抗 SO_2 能力较强。因此，在发酵前添加一些 SO_2，一方面可防止其他杂菌感染，便于葡萄酒酵母起动，保证发酵活动不受干扰。另外加入 SO_2 后由于抑制了微生物活动，从而可以推迟发酵时间，有利于发酵基质中悬浮物沉淀，有利于白葡萄酒的澄清。

葡萄原料在破碎过程中极易氧化，这种氧化主要是酪氨酸酶和漆酶的催化作用，破碎的葡萄原料过度氧化，出现酶促褐变，会严重影响葡萄酒的色泽与质量。发酵前加入 SO_2 便可以有效防止原料的氧化。在发酵过程中会有大量的二氧化碳放出，高二氧化碳环境也有防止原料氧化的作用。发酵后，二氧化碳的保护作用将失去。在这种情况下，由于有 SO_2 的存在，可继续抑制葡萄酒中各种成分的氧化，防止葡萄酒的生理病害发生，如氧化变色、破败病及由于乙醛引起的氧化味。

SO_2 在葡萄酒中与水等结合而转化为酸，可以促进细胞中的有机酸等物质溶解，因此 SO_2 的添入具有增酸作用，同时也可以促进葡萄浆中色素和酚类物质的溶解，使葡萄酒的色泽更鲜红，保健物质更丰富。SO_2 还可有效抑制挥发酸含量的升高，使葡萄酒的风味质感更丰富、更柔和。需要指出，SO_2 使用不当或使用过量，可使葡萄酒产生一种怪味，那是因为 SO_2 过多会形成较多的、具有臭鸡蛋味的硫化氢。

二氧化硫用量受多种因素影响。它与果浆的含糖量、含酸量、温度、微生物的含量及葡萄酒的类型有关。葡萄浆含糖量高时，会形成较多的结合态 SO_2，因而降低 SO_2 有效的含量，因此要适当多加些 SO_2；葡萄浆的含酸高，可提高活性 SO_2 含量，便可适当降低 SO_2 的使用量。破碎前，看到原料带病较多，各种微生物含量高，则需增加 SO_2 用量。

不同质量的葡萄原料发酵时使用 SO_2 也有差异。如成熟度中等、含酸量高的正常葡萄原料，1 升葡萄浆加 SO_2 约为 35~55 毫克，白葡萄汁每升加 SO_2 60~80 毫克；成熟度中、含酸量低的正常原料的带皮红葡萄浆每升约加入 55~110 毫克，白葡萄汁为 80~100 毫克/升；破损霉变的葡萄原料获取的带皮红葡萄浆为 90~150 毫克/升，白葡萄汁为 100~120 毫克/升。使用中要注意 SO_2 不同剂型所需添加量。生产中多使用含 6% SO_2 的商品亚硫酸，其中有约 1/3 SO_2 为化合态，有约 2/3 为游离态，只有游离态才有杀菌效果。

以中等正常酿制红葡萄酒原料果浆为例：1 000 升（按 1 吨）原葡萄浆，需加 SO_2 为 50~60 克，即向 1 吨破碎后的葡萄浆中加入 840~1 000 毫升的市售亚硫酸液（SO_2 含量为 6%）。每吨葡萄浆购买 2 瓶（每瓶 500 毫升）亚硫酸即可。

SO_2 添加时间应在除梗破碎后泵入发酵罐后加入，然后用泵循环一次，使 SO_2 混合均匀。加入 SO_2 前，还应先调整好葡萄浆的糖度，并加入果胶酶。

3. 添加酵母　果浆入罐并做了 SO_2 处理，抑制了细菌及其他杂菌的活动，同时也抑制了酵母的发酵触发，比不加 SO_2 起动要慢。一般酵母菌可以自动启动发酵，这是因为葡萄皮上带有野生自然酵母，但现代酿酒厂都人为加入人工合成酵母。野生酵母一般酒精转化率低，且很难酿制出所需的优良的酒质。同时，加入人工培养的酵母可使葡萄果浆中的总酵母量（野生自然酵母＋人工培养酵母）成为优势菌种，可显著抑制其他杂菌对葡萄果浆和葡萄酒的侵染，防止葡萄酒病变。人工酵母根据用途分好多类型，比如酿制白葡萄酒、红葡萄酒、耐高温型、耐低温型酵母等，可根据所需要的类型选用。添加人工酵母可以加速发酵起动，并正常顺利完成发酵，尽可能降低酒体残糖含量和提高葡萄酒的质量。当小量酿制葡萄酒时，如果无人工合成酵母，我们也可利用葡萄果皮带来的野生酵母作为葡萄发酵的酵母源。

利用葡萄皮带来的野生酵母扩繁葡萄酵母制作葡萄酒酒母的方法：当除梗破碎的果浆导入发酵罐时，先取出 1/10 的果浆不进行 SO_2 处理，其余 9/10 的果浆用 SO_2 处理。对取出的 1/10 果浆倒入第二个发酵罐中进行加温促其发酵，当发酵达到最高旺盛活性时，将第一罐经过 SO_2 处理的果浆分次倒入第二罐中使其继续发酵，在能保证继续发酵的情况下逐渐把第一罐经 SO_2 处理的果浆全部倒入第二罐，使之全部发酵完成为止。

利用人工酵母做葡萄酒酒母的方法：一般有两种方法，一种是可以直接一次性加入促其发酵，若人工酵母准备量不足则可利用人工酵母先进行扩繁后再加入。人工酵母市场上专营葡萄酒辅料的公司有售。市售人工酵母的包装比较严格、规范，多是真空包装，也有的用金属盒包装，在低温下保存。包装拆封后一次用不完时应及时封好存放在干燥低温处。人工活性干酵母多为灰色或乳白色粉末或者为颗粒状。颗粒状酵母有的是圆形颗粒，有的是圆柱形颗粒。人工合成酵母有国产和进口酵母供选用。

利用人工酵母扩繁葡萄酒母：首先要准备好用于培养酵母的葡萄汁，并用 SO_2 严格灭菌，将人工酵母及备好的葡萄汁放入一个大的三角瓶中，达到旺盛发酵时再接入更大的放有葡萄汁的容器中进行第二次酵母扩繁，当二次接种的大容器内的葡萄汁进入旺盛发酵时，便可倒入发酵罐，即成为生产用葡萄酒母。直接加入活性干酵母的具体方法：用 1 400

克温水加入 600 克葡萄汁混合均匀，再加入 200 克活性干酵母，水温保持 30～35℃，放置 20～30 分钟即可加入到 1 吨（1 000 升）葡萄汁中。

红葡萄酒酿造加入酵母的时间：于葡萄果浆（亦称葡萄醪）添加 SO_2 处理后的 4～8 小时。

4. 酒精发酵管理 红葡萄酒的酿造：通过对原料中固体物质的浸渍，使单宁、色素等酚类物质溶解于葡萄醪中。红葡萄酒的颜色、气味、口感与酚类物质有着密切关系。红葡萄酒中酚类物质的变化很复杂，在发酵过程中多酚物质的组成、数量都在变化，在陈酿（又称第二次发酵）过程中也在不断的变化。在浸渍过程中，那些具有良好的香气和味感的物质会最先被浸渍出来。优质红葡萄酒原料的重要特征之一就是富含优质单宁，它是红葡萄酒应具有的结构。优质单宁无过强的苦涩味和生青味。只有优良的葡萄原料和优良的葡萄品种，具备良好的成熟度并加强浸渍作用才能使优质单宁进入葡萄酒中。

发酵过程中首先看到的现象是果浆中不断发生的气泡，并由弱至强。在酵母的作用下，葡萄浆里的葡萄糖、果糖转化成酒精和二氧化碳，果浆中的气泡就是二氧化碳气体向外释放的一种现象。葡萄果浆发酵膨胀，果肉皮渣上浮，在上面形成一个帽，这就是所谓的"酒帽"。在发酵过程中，酵母在分解果浆的同时会使基质温度上升，葡萄果皮中的颜色不断地被浸渍出来，酒的颜色变浓，酒味和口感不断增加，各类糖不断地被分解，甜度不断地降低，酒精度不断地提高，由于酒精轻于水，所以比重下降。

控制发酵温度是发酵管理的重要环节。超过一定时间的高温，酵母菌会停止繁殖并且死亡，发酵就会停止，这种温度被称为发酵临界温度。通常情况下，必须控制发酵温度。温度上升不控制，有时达36℃，甚至达到40℃。温度过高，酵母活动受到限制，会导致酒中挥发酸增加，葡萄酒质量下降；温度过高会导致香气大量挥发，酒中芳香物质浓度降低，酒香被破坏，苦涩味增加；温度过高超过酵母菌启动极限，就会终止发酵。红葡萄酒的发酵温度最好控制在25～30℃，不宜长时间超过30℃。

降温方法：一般是用冷水对发酵罐进行喷淋，单层发酵罐在罐顶设置圆周淋水管，从上向下喷淋以降低温度；也有的将冰块装入塑料袋中封严，然后浸入到发酵液中达到降温目的；对于自动控温的双层罐，只要按工艺要求设置好温度，制冷设备可自动制冷、送冷，达到降温目的。在家庭葡萄酒庄，有时原料来自冬贮的葡萄（如玫瑰香、龙眼等酿酒、鲜食兼用品种），如市场价格因素，贮藏中出现初始霉变等，为减少贮藏损失，亦可用于酿酒，但必须手工去除霉变物后，方可用于酿酒，但原料经低温处理后往往温度太低发酵不好起动，这些原料需先将温度回升上来后才能使发酵正常进行。对于农民家庭葡萄酒庄来说，发酵容器通常比较小。在我国北方地区，葡萄成熟季节外界气温已比较低，可通过加强发酵场所的空气流通、改善发酵环境温度来解决发酵期间温度过高的问题；在我国南方地区或暖温带部分地区，可通过葡萄贮藏库建设与葡萄酒发酵、陈酿、葡萄酒冷冻工艺设备结合来解决，更利于制冷设备的综合利用，降低酒庄建设成本。

红葡萄酒带皮发酵阶段也是香味物质的浸渍阶段。影响浸渍的因素：

（1）原料破碎强度和机械作用。

（2）浸渍时间长短的影响，时间越长，浸渍作用越强，浸出的香气物质越多。

（3）低温发酵有利于保持香气物质。较高的温度，如25～27℃仅适宜于酿造果香味浓、单宁含量低的并在较短时间内饮用的新鲜葡萄酒。

（4）SO_2处理可起到破坏果皮细胞促进浸渍的作用。

（5）香气物质、单宁和色素在酒精中的溶解度比在水中高，酒度越高浸渍越快。

（6）使用果胶酶及特性酵母也有利于浸渍。

（7）葡萄原料含糖量高、上色好，适宜高浸渍酿造陈酿型葡萄酒，反之不宜高浸渍，宜酿造新鲜葡萄酒。

倒罐是发酵过程中的重要环节。根据需要将发酵罐底部葡萄酒通过导泵将其倒到罐的上部，使发酵基质混匀，有利于各类物质的浸渍（图7-8）。根据工艺要求，可对原料采用开放式或封闭式的倒罐。发酵旺盛期，如果长时间缺氧就会造成酵母菌死亡，从而影响正常的发酵，为

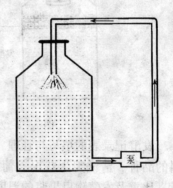

图7-8　打循环

了保持酵母不断的繁殖和活力，通过开放式倒罐可以起到为酵母补充氧气的作用。另外，通过倒罐可以起到压"酒帽"的作用。在发酵和浸渍过程中，果汁与皮渣接触部分可很快浸出单宁、色素等物质，而"酒帽"浮在果汁上部，形成一个饱和层，从而影响果汁和皮渣之间的物质交换，影响浸渍

物质的溶解。通过倒罐可以打破这个饱和层，以提高浸渍效果。倒罐多通过导泵采取喷淋法，喷淋"酒帽"表面。发酵期每日应当倒1～2次，每次倒1/2罐。农民家庭小规模酿制葡萄酒，发酵容器在1吨以下的不锈钢桶、发酵橡木桶、陶瓷坛等，则可人工用木制器具（图7-9）从上口反复压"酒帽"。

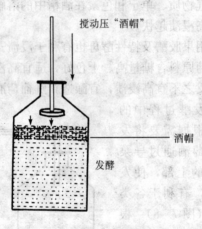

图7-9　发酵容器

发酵记录表的填写与管理。发酵记录表包括的内容：原料的品种、清洗卫生状况、葡萄浆的糖酸含量、体积、重量、比重及发酵罐里果浆的温度、发酵过程中的温度、比重的变化，并绘制出发酵温度、比重变化曲线；还要记录发酵过程的各种处理，如装罐时间、发酵开始和结束时间；加入SO_2的时间、浓度、使用量；温度的控制，如温度的升降情况及调控温度的方法；加入酵母的时间、加入量，加糖量及调酸的数量与时间；倒罐的时间、次数、方法，出罐的时间、去向等。

5. 皮渣分离 葡萄酒发酵结束一般需 6～7 天左右时间。发酵时间长短主要和温度有关。温度高些发酵要快些，温度低时发酵就慢。发酵结束的特征与判定：CO_2 气体减少，部分"酒帽"开始下降，基质温度下降。酿造几乎无糖的干葡萄酒时，当罐内浆液比重降至 0.996 左右，并且两次相邻测定所得的比重数据没有变化时，则说明酒精发酵有可能已结束。更科学的方法是要根据实验室滴定法测得的残糖含量来判断：若残糖少于或等于 2 克/升，可认定酒精发酵结束。皮渣分离后进入苹果酸—乳酸发酵。若酿造中需要保留一定量残糖的葡萄酒，即使葡萄酒成为半干葡萄酒、半甜甚至甜葡萄酒，则应根据比重与残糖的对应关系，当到达一定比重时应中止发酵。通常半干酒的比重为 1.000，半甜葡萄酒的比重为 1.010，甜葡萄酒的比重为 1.020，依据以上情况确定分离时间。

皮渣分离方法：自流法进行皮渣分离。打开阀门流出的酒汁称为自流酒汁，多数酒厂将分离的自流酒汁另行存放用以酿造优质葡萄酒。自流酒与皮渣汁分离过程要尽量减少与空气的接触时间，并单独存放另一罐中。当自流汁出完后，应打开入口将皮渣取出，输送到压榨机进行压榨，通过压榨机压榨出的酒称为压榨酒，压榨酒含干物质多，酸度、单宁含量高于自流酒，一般另行存放，酿制低档葡萄酒；有的酒厂通过下胶处理后再与自流汁混合；有的将这类压榨酒经蒸馏用以做葡萄蒸馏酒精或倒入橡木桶酿制皮渣白兰地。

6. 苹果酸—乳酸发酵 酒精发酵结束后的原酒远未达到成熟，口感很不好、不协调、不柔和、粗糙、酸涩、酸味浓，而且是一种尖酸，主要是苹果酸含量高。苹果酸属于二元酸，通过苹果酸—乳酸发酵可以使二元强酸转成一元的弱酸。红葡萄酒经过苹果酸—乳酸发酵可使酸度降低，果香醇香加浓，结构协调、质量提高，还可以增强葡萄酒的生物稳定性。苹果酸—乳酸发酵是一种生物降酸，这一过程可使葡萄酒的总酸下降 $1\sim3$ 毫克/升。

苹果酸—乳酸发酵的基本原理：简单叙述就是在乳酸菌的作用下将苹果酸分解为乳酸和 CO_2 的过程。经过这一发酵过程还可以避免装瓶后乳酸菌在瓶内进行二次发酵，从而造成爆瓶和酒质败坏。

苹果酸—乳酸发酵的三大作用：一是降酸，二是达到生物学稳定性，三是修饰葡萄酒的风味。乳酸能改变葡萄酒中的酯类、醛类、氨基酸以及其他有机酸和维生素等微量成分的浓度及芳香物质的含量。苹果酸—乳酸发酵结束后立即分离并加足 SO_2，以抑制乳酸菌，否则乳酸菌就会分解酒中的其他物质，从而造成葡萄酒出现其他病害，最终使葡萄酒败坏。

乳酸菌的来源。在葡萄酒酿造过程中，自然状态中也存在乳酸菌，如在成熟的果粒上就有很多天然的乳酸菌，在葡萄的酒精发酵前（亦称主发酵或第一次发酵），由于加入了 SO_2 的原因，从而抑制了乳酸菌的活动，群体菌落下降。随着酒精发酵的进行，SO_2 含量随酒精发酵的结束而降低，乳酸菌不断适应环境，菌落数增殖速度加快。生产中也有利人用自然乳酸菌来起动葡萄酒的苹果酸—乳酸发酵（亦称二次发酵）。值得注意的是乳酸菌远比酵母菌对 SO_2 敏感，在酒精发酵结束进行苹果—乳酸发酵的葡萄酒不应添加 SO_2。在大规模生产中，大多是根据工艺要求，购买专门的商品乳酸菌，人为加入二次发酵的葡萄酒中。

苹果酸—乳酸发酵要求的条件是在第一次酒精发酵结束后立即进行皮渣分离，并将酒液转罐，第二次发酵苹果酸—乳酸发酵则要保证罐处在添满状态，使用的罐特别要求清洁。苹果酸乳酸发酵温度应控制在 $18 \sim 20℃$ 之间的稳定温度。进行苹果酸—乳酸发酵的酒液内不再添加 SO_2，因为乳酸菌对 SO_2 很敏感，添加 SO_2 将杀死乳酸菌或使苹果酸—乳酸发酵失败。现代葡萄酒厂通常都应用"纸层析法"来分析有机酸的变化，特别是苹果酸的变化，以确定苹果酸—乳酸发酵是否结束和及时分离转罐并添加 SO_2，以预防苹果酸—乳酸发酵结束后乳酸菌继续分解葡萄酒的其他成分，从而造成酒质败坏及葡萄酒各类病害的产生。苹果酸—乳酸发酵一般在 1 个月左右即可完成。SO_2 一般添加量为 $20 \sim 50$ 毫克/升，即每吨酒液加 SO_2 含量为 6% 的市售亚硫酸 $300 \sim 800$ 毫升，加入此量的 SO_2，一般便可以控制或杀灭乳酸菌。

7. 陈酿与贮藏 经过第二次苹果酸—乳酸发酵后，仍需经过一个葡萄酒陈酿过程。依据品种不同，决定贮藏陈酿时间的长短。有的品种不宜贮藏陈酿太长时间，如玫瑰香、梅鹿辄品种酿造的葡萄酒，这些品种适于酿造新鲜葡萄酒，如果贮藏陈酿太长时间反而酒质口感下降。葡萄酒有成熟也有衰老，适宜酿造新鲜葡萄酒的被称为当年酒。这类品种酒通常经过澄清处理和稳定性处理后，即可上市供应，一般到下一年的葡萄酒上市前应全部或大部出售完。这类新鲜葡萄酒经过贮藏陈酿，其成熟速度较快，口感柔和协调舒服，一旦达到最佳饮用标准应尽快上市，否则进入衰老期质量反而下降。另有一类品种如赤霞珠则称为陈酿型葡萄酒，这类品种适合较长时间的陈酿贮藏，一般最低要经过 2 年的陈酿贮藏，甚至到 6 年以上更长时间的贮藏陈酿，才能显现出该品种葡萄酒的最佳风味。

转罐：葡萄酒在陈酿过程中，还在不断地变化。外观的变化最为明显的是逐渐由酒液浑浊向澄清方向变化。因为在第一次的酒精发酵和第二次的苹果—乳酸发酵这两个阶段，酒体仍然是浑浊的。在陈酿贮藏过程中，浑浊悬浮在酒中的果胶、果皮、果肉、种子等的残屑，还有一些酵母和一些溶解在酒液中的分子大小不等的物质可能转化成盐类物质等。在稳定温度条件下静置会逐渐缓慢的下沉于罐底，这些沉淀物称为酒脚或酒泥。通过转罐的方法将这个容器的酒转到另一个容器中，从而和这些酒脚分离。如果不及时转罐分离或在贮藏陈酿期转罐次数少，会造成酒产生一种腐败味、硫化氢味，也会出现微生物病害。酒脚中含有色素、蛋白质、铁、铜、酒石酸盐等沉淀，当遇酒温升高时，沉淀物还会再次溶解于酒中。转罐过程从某种程度上说，也会导致酒液与空气接触，会溶解部分氧进入酒中，这对酒的稳定也起到一定的作用，但过多的与空气接触则会引起葡萄酒过氧化褐变。葡萄酒中的 CO_2 是处于一种饱和状态，通过转罐可使 CO_2 气体和其他一些可挥发的气体释放出来，同时可起到均质的作用。罐体中的酒处在不同位置，其沉降层不一，特别是大酒罐更是如此。转罐可使上层下层不同位置的酒得到均质。另一方面 SO_2 的含量在大酒罐的不同部位亦不相同，因此倒罐也可以起到 SO_2 与酒体混合均匀的作用。总之，转罐是葡萄酒陈酿贮藏中绝对不可少的管理措施。

转罐次数和时间并无定论。根据容器大小、所用容器、酒种而有不同。大容器肯定浑浊物相对小容器多，从罐顶到罐底的沉降距离长，易造成沉降物不均，因此转罐次数应多一些；小容器则可以少一些。转罐次数一般情况是当年至次年 6～7 月进行 4 次，然后以每年 1～2 次转罐即可。转罐和倒罐一样也有封闭式和开放式两种。转罐应选择天气晴朗、干燥，即气压高的时候进行，否则由于溶解于葡萄酒中的 CO_2 气体的逸出会使沉淀重新进入已澄清的葡萄酒中，影响转罐效果。

添罐：在贮藏过程中，葡萄酒会因天气逐渐转凉，酒液温度逐渐降低，溶解在酒中的 CO_2 不断地、缓慢地逸出，葡萄酒通过容器壁、罐口的缝隙不断的蒸发等原因，使葡萄酒的体积缩小，罐口与葡萄酒表面之间逐渐产生距离形成空隙，这些空隙必然被空气填充，使葡萄酒表面接触到氧气，这会使葡萄酒氧化，也会使一些杂菌有了活动空间，出现酸败等病变。为了减少葡萄酒与空气的接触机会，就应当不断的对容器孔隙处添加葡萄酒，始终保持满罐。用来添加的葡萄酒要选用优质的、澄清稳定的、同品种、同酒龄的葡萄酒，不能用较新的酒添加到老龄酒中，更不能添加不健康的葡萄酒，最好要进行微生物检验后证明确属健康酒方可添入。为了保证贮藏陈酿中始终保持满罐，应准备不同容量的容器若干个并注满葡萄酒，用来补充彼此添罐时使用。

添罐的时间问题。多长时间添一次罐，这要看贮藏过程中温度、容器的材料、罐的大小、密封是否严密等因素而定。通常金属的不锈钢容器可以每周添一次，如果用橡木桶，每周需要两次。

在酿造葡萄酒过程中，受产量、批次、容器等原因影响，往往不能添罐，这样可采用一种变通办法。有的则采用浮盖法，酒与盖永远无孔隙，盖本身为随葡萄酒上升而升高，随葡萄酒下降而下降，这样就无需去添酒。目前许多厂家采用气体封闭的方法，最好的气体是氮气，氮气是一种稳定气体，不会溶于葡萄酒，有的厂家用 CO_2 气体，CO_2 可溶于酒，如果酒中 CO_2 含量过高，会影响酒的感官质量，有的则用 CO_2+N_2 混合封闭。

8. 下胶澄清过滤　葡萄酒在二次发酵结束后，还有悬浮的物质使酒体浑浊，通过贮藏陈酿，许多悬浮物下沉为酒脚或酒泥，经过转罐方法使酒显得比较澄清，但这远远不够。一些大分子物质有的较快沉淀，一些小分子物质因为酒有一定的溶解度随陈酿时间及温度降低会不断地析出沉降。在装瓶前必须使葡萄酒达到澄清、稳定，不能在装瓶后的瓶内发生浑浊、析出、沉降等影响葡萄酒的商品外观。为此，要通过人工的方法下胶、澄清、过滤，使酒体澄清稳定。

下胶澄清的方法：在葡萄酒中加入亲水性胶体，使之与葡萄酒中胶体物质、单宁、蛋白、金属复合物、色素等发生絮凝反应，然后澄清过滤把它们除去。下胶材料有如下几种：

（1）膨润土，属自然硅酸盐。它可以吸收水分、增加自身的体积，在电解质溶解中可以吸附蛋白和色素而产生胶体的凝聚。成品膨润土为白色、乳白色、淡黄色的粉末或颗粒状物质。使用方法：先用少量热水（50℃）使膨润土吸水膨胀，最好能溶解一段时间，然后加纯水充分搅拌，使成为奶状，然后加入酒中通过导泵的打循环使之与酒混合均匀，小规模酿酒则可通过搅拌使之混匀。

（2）明胶。是用动物的皮、结蒂组织加工获得的产品，处理葡萄酒的明胶有的是片状、颗粒状，无色透明微黄，必须是无味无杂质。特别应提出的必须是食品级用胶，不可以随意在市场采购明胶。可到专营葡萄酒辅料的公司或商店选购。使用方法：将明胶用冷水浸泡后使其膨胀并除去杂质，而后将明胶中的水除去再加 10～15 倍的水使其溶解，然后倒入要处理的葡萄酒中并混合均匀。

（3）蛋清。是鸡蛋清经过加工干燥得到的呈白色细末状的干蛋清粉。干蛋清粉只用水溶解。溶解不完全时，需要加入少量碱液使其全溶。使用方法：先将蛋清粉调成浆状，再用含有少量碳酸钠的水进行稀释使之全溶，然后加入要处理的葡萄酒中并混合均匀。也可以使用鲜鸡蛋去黄，其效果与蛋清粉相同，使用时先将鸡蛋清调匀，而后逐渐加水，一般 2 个鸡蛋用 100 克水加 1 克纯净食盐（NaCl）。各种下胶材料如表 7 - 2。

表 7 - 2　各种下胶材料使用方法

下胶材料	1 000 升（相当 1 吨）用量（克）	100 升用量（克）
膨　润　土	400～1 000	40～60
明　　　胶	80～150	8～15
蛋　清　粉	60～100	6～10
鲜鸡蛋清	20 个鸡蛋	2 个鸡蛋

葡萄酒的澄清下胶量的具体确定方法：在下胶前先做试验，试验的目的是选择最佳下胶量。下胶试验容器可用 750 毫升的白颜色的长形瓶子或用玻璃量筒也行。总之，容器应该是透明易观察的长形平底玻璃容器为好。事先可分别设计几个不同的剂量，将酒装入容器内，然后按表 7 - 1 分成几个下胶量进行下胶，一定充分搅拌或摇动使下胶物质均匀分布。所有容器所取酒的数量保持一样。要观察记录絮凝出现所需要的时间、絮凝物沉淀速度、下胶后葡萄酒的澄清度、酒脚在容器中所占容器体积的高度等。最后应选择絮凝出现早而沉降速度快、酒澄清度高的选为最佳的下胶剂量和材料。

下胶必须注意的问题：在下胶过程中必须要在最短时间内使下胶材料与葡萄酒快速混合均匀，如果不快速的与葡萄酒混合均匀，如果混合速度慢，不均匀部分就出现絮凝物，这样下胶物质絮凝反应就会提前结束，使一部分葡萄酒无下胶材料而影响澄清。为此要求下胶时先将下胶材料用水稀释，以每吨酒 2.5 升左右的水稀释为宜。特别值得提出的是应绝对不能用葡萄酒去稀释下胶材料，否则这部分葡萄酒很快产生絮凝物沉淀使大部分葡萄酒失去下胶意义。可见，下胶时如何快速搅拌是个关键。有的则选用带搅拌器的贮藏罐，一边下胶一边搅拌；另一种方法是通过转罐的方法打循环，即计算好酒的流量，将下胶材料与葡萄酒通过一管道进入到酒罐中，这样就能保证下胶材料与葡萄酒的均匀混合。

9. 过滤　根据过滤原理的不同将过滤方法分为三种：筛析过滤、吸附过滤、筛析—吸附过滤。

葡萄酒的过滤可分为三个时期进行：第一次为粗过滤，在苹果酸—乳酸发酵后的第一次转罐后进行，多采用层积过滤，滤前下胶效果更好；第二次在贮藏葡萄酒的澄清阶段，目的是使葡萄酒稳定，可用硅藻土过滤和板框过滤；第三次在装瓶前的过滤，目是避免瓶内沉淀、浑浊和微生物病害，选用除菌板和膜过滤。各次对过滤的要求不一样，过滤材料孔径也不同。

在下胶后的程序是使葡萄酒中的悬浮物的一些微粒物质由小分子变成大分子凝聚而产生絮凝沉淀物，通过过滤的方法将絮凝物质除去。这次过滤一般用硅藻土过滤机，有的采用纸板过滤机。过滤是葡萄酒酿造工艺中不可缺失的重要组成部分，是澄清和稳定葡萄酒的重要手段。

10. 稳定处理　为了解决葡萄酒浑浊问题并使其澄清，

在装瓶前还要对葡萄酒给予稳定处理，避免装瓶贮藏存放时间长时在瓶内出现浑浊和大量沉淀物析出。造成装瓶后葡萄酒出现浑浊的原因有三：一是氧化浑浊；二是微生物浑浊；三是化学浑浊。

氧化浑浊：主要是在氧化酶的作用下氧化了葡萄酒的某些成分，特别是葡萄酒中的多酚类物质，使葡萄酒颜色发生了变化，红葡萄酒的颜色呈现巧克力色，由于浑浊沉淀使瓶中葡萄酒失去光泽。

微生物浑浊：主要是在发酵、陈酿的各个环节中 SO_2 加入的量是否恰当，容器是否清洁，灭菌是否彻底，葡萄酒酒度不够或葡萄酒酸度偏低等原因造成微生物重新活动从而产生浑浊。

化学浑浊：主要是铁、铜、蛋白质与色素、酒石酸盐的不稳定性造成浑浊沉淀。葡萄酒中铁的含量通常超过 8 毫升/升时，在与空气接触的情况下，葡萄酒就会发生轻微的浑浊现象。空气中的氧使葡萄酒中的二价铁氧化成三价铁，铁又能与磷酸盐类、单宁和色素类等物质化合生成不溶解的物质引起酒的长期浑浊。防止铁浑浊的方法：在整个葡萄酒酿制过程中减少铁元素进入葡萄酒；在发酵阶段要控制葡萄酒与氧气的过多接触，在贮存阶段和装瓶时，要尽量隔氧和处于无氧状态；加入适量柠檬酸，降低 pH，当 pH＜3.5 时，铁破败病一般不能发生。

铜元素在葡萄酒的国标限量为≤1 毫克/升。对葡萄酒来说，铜离子是越少越好。葡萄酒中如果存在超量的铜，就会被还原为亚铜从而造成棕红色沉淀的铜破败病，因为葡萄酒是处于一种还原状态，这时如果有一定量的铜，又有一定量的二氧化硫及氨基酸和蛋白质的存在就会出现铜破败病。

葡萄酒中的酒石酸盐其溶解度较小，经常在酒中形成沉淀，沉于底部结晶如石，称酒石。酒石酸钾盐一般溶解度随温度的降低而降低，酒石则增加。另外，感染了灰霉菌的葡萄酿成的酒，在接触空气的情况下就会浑浊，出现棕色沉淀。防止此种情况的出现就要加强对葡萄汁的澄清及 SO_2 的处理，采用封闭式倒罐等。对葡萄酒的稳定处理可以根据工艺要求一般采用冷处理。

葡萄酒的冷处理是葡萄酒稳定的重要环节。冷处理对改善葡萄酒的感官质量非常明显。冷处理的作用：可以使色素胶体沉淀，促进铁、磷酸盐、单宁酸盐及蛋白质凝结，促使胶体凝结，促使酒石析出结晶，经过滤以除去酒中的沉淀物，大大提高葡萄酒的稳定性。葡萄酒冷处理的温度，以达到葡萄酒近冰点为最佳，一般处理温度为 $-3\sim-5℃$。冷处理温度的确定：如果酒精度是 12 度，酒的冰点为 $(12-1)\div2=5.5$，实际应是 $-5.5℃$，冷处理温度为 $-5.5+1=-4.5$（℃），即酒精度为 12 度的葡萄酒的冷处理温度为 $-4.5℃$ 为宜。现在一般葡萄酒厂冷处理都有专门的带保温处理的冷冻罐，都有自动控温的制冷系统，人为设定需要的温度。没有条件的酒厂或家庭酒庄可以借冬季保持合适的时间和低温进行处理。

11. 灭菌装瓶 葡萄酒灌装前还要做许多工作，首先对将要装瓶的葡萄酒进行检验，包括感官品尝，理化指标分析和微生物指标与稳定性。葡萄酒生产如果是执行的 GB/T15037—94 国家标准，理化指标得达到或超过标准的规定。要测定的理化指标主要有酒度、滴定酸、挥发酸、总 SO_2、游离 SO_2、干浸物、铁、铜、细菌总数、大肠杆菌数等；对灌装设备要进行卫生检查，检查有无异味、颜色，以确定过滤材料是否还可以继续使用，否则应进行更换达到无菌标准，正式灌装用少量葡萄酒试过滤，然后排除掉后再正式灌装。

灌装所用的瓶子，应选择对葡萄酒有保护作用的瓶子。有的酒适合白色瓶，有的则不适合。瓶子的颜色可以透过瓶对光线进行过滤。例如绿色的瓶子可以阻止紫外线和紫光。一般情况下红葡萄酒应选择绿色或棕色瓶子为好。红葡萄酒在棕色瓶子中能够更好成熟。

瓶子灌装前的清洗。从瓶厂运来的新瓶一般带外包装，但通常还要进行一次清洗。清洗方法：如果存放时间长的瓶子，应先用1‰NaOH溶液浸泡10分钟，再用清水冲洗备用。罐装前，还需用无菌纯净水冲洗。冲洗后的瓶子经过控瓶，控净后及时使用或充入CO_2气体，防止空气带入杂菌污染。现代化的大型自动化灌装线瓶子的清洗都是机械化自动进行的。灌装时酒液在瓶子中的液位应该一致，一定要把灌装机的灌装液位调到适当位置，如果液位过高，瓶中一点空隙不留，当环境温度或酒体升温膨胀时，容易使瓶塞向外移，贮藏期间可能造成渗漏。

瓶塞的选择也要合适，应当和瓶子口径相匹配，如不匹配，在运输或贮藏中也容易出现漏酒现象。软木塞要质量规格达标。规格不合适，有的直接通过木塞漏酒，有的从缝隙中漏酒，造成瓶塞外部发霉，有时还腐蚀标签和包装物，影响外观。软木塞的规格有24毫米×44毫米、23毫米×44毫米、23毫米×38毫米，木塞又分自然木塞或粘合木塞。选择木塞一定要注意木塞的质量，观察柔韧度、密度、空隙率、有无空洞、有无裂缝、外观等。有的厂家对木塞要求很严格，要做一系列的检验后方可使用。

七、白葡萄酒的酿造工艺

白葡萄酒按含糖量分干白葡萄酒、半干白葡萄酒、半甜白葡萄酒、甜白葡萄酒。干白葡萄酒的酿制是基础。我国生产的半干、半甜、甜型白葡萄酒目前多是在干白葡萄酒的基础上加糖调配而成。严格说，这种通过后加糖调配的半甜酒等不能称为优质葡萄酒，也是国际标准所禁止的。正常的情况应是选择适宜原料，通过中止发酵法的工艺酿制甜型葡萄酒。这里介绍的白葡萄酒酿制工艺是指干白葡萄酒的酿制工艺。干白葡萄酒工艺流程图见图 7-10。

干型葡萄酒的生产在我国首先是从干白葡萄酒开始的。20 世纪 80 年代中后期，随着葡萄酒业的发展，国内相继生产出干型白葡萄酒，如王朝葡萄酒公司和长城葡萄酒公司生产的干白、半干白葡萄酒，以其良好的酒香、果香及清爽口感逐渐被消费者认可，受到人们的青睐，喝干白葡萄酒一时成了时尚。在当时，由于多数消费者对带有苦涩沉重感的干红葡萄酒的功效认识不足，并没引起消费者的特别关注，直到 1995 年以后，人们才认识到干红酒的营养保健功效，才在中国兴起种红葡萄原料，酿造红葡萄酒，喝红葡萄酒的热潮，自此昌盛不衰。白葡萄酒在我国从原料种植及酿造工艺都比较成熟，在国内、国际葡萄酒评比会上拿过很多奖牌，单王朝葡萄酒公司就拿到 14 块金牌。

干白葡萄酒不只是白葡萄可以酿造，红葡萄减少对果皮的浸渍作用取汁澄清也可以酿造白葡萄酒。白葡萄酒的工艺和红葡萄酒的最大不同是白葡萄酒压榨葡萄取澄清汁发酵。葡萄酒的香气分一类香气、二类香气、三类香气。一类香气

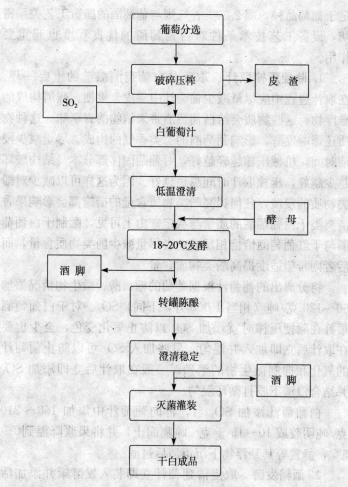

图 7-10　干白葡萄酒工艺流程图

来源于葡萄本身的果香，二类香气源于发酵，三类香气源于陈酿。优质的白葡萄酒应该具备优雅的一类香气，同时还具备与一类香气相协调的优良的二类香气。如果说一类香气决定于葡萄品种，那么二类香气则与葡萄酒的酿造工艺关系密切，设备工艺技术条件对白葡萄酒的优良程度也起重要作用。

1. 除梗压榨取汁　取汁是白葡萄酒酿造的重要一环。在取汁过程中应尽量减少葡萄汁中果皮、果梗、残屑构成的悬浮物。这些物质会给白葡萄酒带来植物的青草味。这种物质还影响发酵，影响葡萄酒的二类香气的构成。尽量减少浸渍时间，机械压榨越轻越好，对葡萄固体部分本身结构破坏越少越好，压榨取汁时间越短越好。因为这样可以减少对酚类物质的浸渍，任何提高酚类物质含量的措施都会影响果香清爽类干白葡萄酒的质量与稳定。由上可见，酿制干白葡萄酒与干红葡萄酒恰恰相反，前者尽量减少酚类物质含量，而后者则希望适度提高酚类物质含量。

将分离出的葡萄汁根据葡萄的糖、酸、微生物情况添加 $60 \sim 120$ 克/吨（相当 1 000 升，下同）SO_2。对于白葡萄酒最好在除梗压榨时就添加 SO_2 以防止氧化变色，至少也要在取汁后立即加入并混匀。早些加入 SO_2 可以防止葡萄汁的氧化和抑制微生物的繁殖。一般在取汁后立即添加 SO_2 并结合澄清下胶打循环混匀。

白葡萄汁添加 SO_2 后，再向葡萄汁中添加 $150 \sim 210$ 克/吨明胶或 $10 \sim 15$ 千克/吨膨润土，并将果浆降温到 $0 \sim 5℃$，静置等其悬浮物下沉澄清后过滤。

2. 酒精发酵　取澄清葡萄汁立即装入发酵罐并添加活性干酵母，进行酒精发酵，其用量是优质白葡萄酒专用酵母 $100 \sim 200$ 克/吨。使用前用温水使酵母活化。白葡萄酒的酒精发酵温度控制在 $16 \sim 20℃$，最佳为 $17 \sim 18℃$。通常情况下，$4 \sim 7$ 天主发酵即酒精发酵阶段结束。控制较低的发酵温度对获得优良的香气关系重大。

白葡萄酒主发酵结束的指标：发酵液表面平静，很少有 CO_2 气体放出。酒液呈淡黄色或淡绿色。有明显的果香、酒香及酵母味。口感品尝有刺舌感。

可分析检测的理化指标：酒精度达到或接近要求，一般为 11～12 度；残糖小于 4 克/升以下；比重小于 1.000；最好是在 0.992～0.996 之间，挥发酸小于 0.4 克/升以下；总酸 5～7.5 克/升。

发酵记录：原料的品种、清洗卫生状况、糖酸含量、体积、重量、比重、品温；发酵过程温度、比重的变化，并绘制发酵曲线；发酵过程的各种处理如装罐开始和结束时间，加入 SO_2 的时间、浓度、使用量，温度的控制如升、降及方法，加入酵母的时间、量，加糖降酸的量、时间，倒罐的时间、次数及方法，出罐的时间、去向等。

酒精发酵结束后应转罐并分离出酒脚，进入陈酿阶段，再经过冷处理、澄清稳定处理，再次分离出稳定的酒液，经灭菌等工艺进行灌装获得最终成品。白葡萄酒发酵后的后处理与稳定和红葡萄酒雷同，具体可参考前述红葡萄酒的方法。

八、橡木桶的应用

橡木桶在酿造葡萄酒过程中，是很重要的酿造容器，是酿造白兰地和高档红葡萄酒的最好容器。世界上许多有名的葡萄酒都是经过橡木桶酿造成的。如法国波尔多的红葡萄酒，美国纳帕的红葡萄酒。它们的共同特点是经过橡木桶的贮藏陈酿。经过橡木桶贮藏陈酿的葡萄酒，除了葡萄本身特有的品种香和酒香外，酒在橡木桶贮藏过程中，通过橡木的浸渍可给葡萄酒增添更多的香味，如香草、可可、咖啡等怡人的香气。葡萄酒汲取橡木中有益成分，更适合人的口感味觉，使葡萄酒更柔和、圆润、肥硕完美。

需要指出，不是任何橡木都可以用来制作橡木桶。在国际上流行的有三种橡木树，如欧洲一些国家的卢浮橡、夏橡，还有产于美国的白栎橡，而且要求树龄为 80～100 年。目前也有俄罗斯的小叶橡。我国吉林省也有一种橡树可以用于做橡木桶。河北昌黎郎格斯酒庄用的就是中国橡木，经分析成分证明完全可用。山东鲁丰牌橡木片就采用了我国东北国产的橡树，与进口的橡木片相比质量相近，难分高低。

1. 橡木桶制作加工　橡木桶制作有一定的工艺要求。加工时首先要依据橡木木纹加工为橡木板材，垛好垛存于自然状态，经过 3 年时间的风吹雨淋才可以进入车间加工。依据橡木桶规格需要加工的板材需经过烤制，再加工为橡木桶用的木板条。橡木桶的板材要经过几次焙烤，焙烤分轻度和中度烤、重度烤及颜色深浅不同，这与装什么酒有关。经过焙烤过的桶它赋予葡萄酒更馥郁怡人的香气，口感更柔和饱满，葡萄酒的滋味也有所不同。葡萄酒风格各异，使用橡木桶也应有针对性地进行选择。橡木桶型号各有千秋，以风格分为波尔多型、勃艮地型、雪梨形等，按容量分为 30 升、100 升、225 升、228 升、300 升、500 升，甚至还有更大的，也有很小的工艺品，只 1.5 升甚至更小。一般生产用橡木桶多用 225 升的。

2. 橡木桶的使用　新橡木桶使用前首先要检查木板之间是否有漏缝。如果橡木桶存放的时间长，会有漏缝现象，这样的桶首先用 2‰ 的 SO_2 水装满，浸泡 48 小时，如漏的较严重，浸泡时间还要加长，并且要求每天必须将桶添满，经过几天后由于橡木吸水膨胀漏缝挤严便不会再漏，然后用水冲洗干净即可使用。

高档红葡萄酒在酒精发酵和苹果酸—乳酸发酵后，在进入自然澄清阶段就应尽快将葡萄酒装入橡木桶，不要进行过滤。装酒的橡木桶存放地点应保持温度、湿度的稳定，温度为 $15\sim20℃$，湿度为 $80\%\sim90\%$，避免太干增加酒的消耗，可以减少添桶次数。温度如超过 $25℃$，葡萄酒易酸败，过低造成酒石析出附在桶壁上，影响葡萄酒对橡木的浸渍。在贮藏陈酿时，定期对橡木桶冲洗，防止浮尘进入桶中引起污染。要不断的添桶并搅拌，要定期检查品尝葡萄酒的风味变化以便及时发现问题予以处理。添桶应逐渐添入同种、同龄酒，而且还必须使用同龄橡木桶，否则酒的质量风格难以一致。贮藏于橡木桶的酒要控制氧化，使葡萄酒缓慢地变化，红葡萄酒在橡木桶的贮藏陈酿时间最少应在 6 个月后再对葡萄酒作鉴赏评价。

3. 关于旧橡木桶的使用 橡木桶的年龄对葡萄酒是有影响的。年龄越长橡木桶对酒的影响将逐渐减少。使用 3 年以后的橡木中的水解单宁即大量减少了，而水解单宁对葡萄酒陈酿又起到很重要的作用。一般说来，重焙烤橡木桶相对给葡萄酒提供水解单宁要长些。除水解单宁外还有一些香气物质也会进入酒中。这些有益成分随着橡木桶年龄的增加而减少。因此尽量不要采购旧橡木桶。如果属于自己用过的橡木桶，那也要先清洗附在桶壁上的酒石等物，然后用 $0.5\%\sim1.0\%$ SO$_2$ 浸泡 $3\sim5$ 天，控干，再用 10 克/米^3 的硫磺熏蒸后方可装桶。

4. 橡木桶的空桶贮藏与维护 橡木桶在使用后，用水冲洗干净，清除桶中酒石及沉淀物，控干 12 小时，然后用 10 克/米³ 硫磺熏蒸，在相对空气湿度 70% 条件下，在 12～17℃ 温度条件下贮藏，并要保持每 3 个月用 5 克/米³ 硫磺熏蒸一次。

橡木桶贮藏酒的一大缺陷就是成本高。我国的橡木资源比较短缺。为节省资源，降低贮藏成本，可使用橡木片浸泡葡萄酒的方法，这样就可将橡木边角废料加工成橡木片，经过物理、化学、生物的处理，经过焙烤用以替代橡木桶。所用橡木片同样要分为轻烤、中烤、重烤，其色泽由浅到深棕色，木片的规格长 10～12 毫米、宽 5～8 毫米、厚 1～3 毫米，小点的长 3～8 毫米、宽 2～5 毫米、厚 1～3 毫米，最小的长 3～8 毫米、宽 1～2 毫米、厚 0.5～1 毫米。每升葡萄酒加入 1～4 克，浸泡时间以 3 周效果较好。浸泡时间长短与加入量也有关系。如果加入量小，可延长浸泡时间。使用橡木片具有一定的灵活性、优越性。根据对酒风味的要求来选择加入量。目前许多国家如法国、西班牙、意大利早已广泛使用橡木片。目前从上述这些国家进口的橡木片价位为 70 元/千克，我国自产的橡木片为 30～35 元/千克。

九、葡萄酒病害

葡萄酒的化学成分现在已认识到的达 600 多种。各种物质间的化学变化极其复杂，在其发酵、陈酿贮藏过程中，因其本身的各种不稳定因素及外界不良环境条件将会产生物理化学或微生物病害，造成葡萄酒浑浊、沉淀、变色，出现不良风味，最终腐败失去饮用价值。

1. 微生物病害 葡萄酒在整个酿造过程中易于出现有

害菌侵染的机会主要有三次：一是从大田采摘的葡萄及取汁前尚未添加 SO_2，原料一直处在细菌等微生物的侵害中；二是当一次发酵后，二氧化硫逐步转变成化合态，不再具有较强的杀菌、抑菌等保护作用，从而造成第二次有害菌的侵害；三是二次发酵后的新葡萄酒没有添加足够的二氧化硫，又会受到有害菌的侵害，或酵母本身引起的再发酵及对其他物质的分解。

（1）乳酸菌病害。乳酸菌引起的病害主要有乳酸病、甘露醇病、酒石酸发酵病。它们的病症表现：酒体轻微浑浊、油状、发黏变稠、酒味淡薄，并伴有 CO_2 气体的生成。乳酸病是乳酸菌中的短杆菌或足球菌属的有害菌参与了对糖和酸的分解。甘露醇病是乳酸菌将苹果酸分解之后又将酒中的糖转化成乳酸、醋酸和甘露醇，所以苹果酸—乳酸发酵结束后必须及时添加 SO_2。酒石酸发酵病也是在乳酸菌存在的特定条件下分解酒石酸，产生大量 CO_2 气体，使葡萄酒变浑、平淡无味、失去光泽。

（2）醋酸菌病害。醋酸含量是葡萄酒限制性指标之一。国标规定不能超过 1.1 克/升。醋酸菌在有氧条件下能分解葡萄浆里的糖而生成醋酸，同时也是酒精发酵和苹果酸—乳酸发酵的副产物，但生成量都很少。

（3）丁酸菌病害。丁酸菌引起丁酸病，丁酸菌是嫌气性梭状芽孢杆菌，会产生一种令人讨厌的酸臭的奶油味。丁酸菌还能生成一种丙烯醛，它和酒内的羟基酚反应生成苦味物质。

（4）霉菌病害。主要有曲霉和青霉产生的曲霉毒素和青霉毒素，这些物质生成量不大，但毒性很大，我国的发酵酒卫生标准里对葡萄酒中的含量做了规定。

醋酸菌、丁酸菌、霉菌等病菌的防治办法主要是从原料及设备的卫生源头做起。严格的杀菌措施是控制各类菌病的主要办法，良好的工艺管理是减少醋酸等有害物质生成的有效方法。

2. 物理化学病害　葡萄酒在贮藏陈酿过程中，因其本身物质的不稳定及外界不良环境条件的存在，经常会引起葡萄酒的浑浊沉淀等。主要有铁性白色破败病和蓝色破败病，铜性棕红色破败病，蛋白质色素沉淀，酒石酸沉淀，氧化酶性棕色破败病等。

（1）铁性沉淀破败病。铁与磷酸盐生成的沉淀为白色称白色破败病，铁与单宁生成的沉淀为蓝色叫做蓝色破败病。当葡萄酒铁的含量通常超过 8 毫克/升时，在与空气接触的情况下，葡萄酒就会发生轻微的浑浊现象，空气中的氧使葡萄酒中的二价铁氧化成三价铁，铁又能与磷酸盐类、单宁和色素类等物质化合生成不溶解的物质引起酒的长期浑浊并变色。防止铁破败病的方法：从原料源头和加工过程中减少铁的含量；控制有氧状态，实现贮存的无氧状态；加入适量柠檬酸，适当降低 pH。

（2）铜性破败病。在游离 SO_2 存在的葡萄酒中，特别是在白葡萄酒中，装瓶后葡萄酒处于还原状态时葡萄酒中铜的含量偏高就会发生浑浊，渐渐形成一种棕红色的沉淀。葡萄酒国标中铜的限量≤1 毫克/升，解决的根本途径就是控制葡萄酒中铜的含量，其含量是越少越好。当葡萄酒处于还原态时，如果存在有铜，就会被还原为亚铜，从而造成棕红色沉淀的铜破败病；若有一定量的二氧化硫及氨基酸和蛋白质的存在就会出现铜破败病。铜破败病的防治：通过控制葡萄浆果铜制剂农药的使用，酿酒中避免使用含铜设备器皿等，均为有效措施。

（3）蛋白质和色素破败病。幼年白葡萄酒在贮藏过程中会形成雾状絮凝。当对这种葡萄酒进行加热或加入单宁时会加重并出现沉淀，这就是蛋白质产生的破败病。长期存放的红葡萄酒在瓶底能见到一些沉淀，但加热即变得澄清，这就是色素沉淀。蛋白质破败病发生主要是葡萄酒中含有一定数量的含氮物质、单宁、电解质。防治的方法：下胶澄清过滤，使蛋白质处于物理稳定状态。防止幼龄红葡萄酒存放在较低的温度下。因为在低温条件下，又有较高的葡萄酒酸度，就会与葡萄酒中的色素等的聚合导致红葡萄酒产生色素沉淀。

（4）酒石酸沉淀。葡萄酒中的酸性酒石酸钾和中性的酒石酸钙其溶解度都比较小，常会在酒中形成沉淀，沉于贮藏容器的底部结晶如石，称酒石。若出现在瓶内则会影响饮用质量及商品外观。防止酒石产生的主要途径是做好葡萄酒的过滤与低温处理，并注意保持葡萄酒存放在15℃左右的地方，有的消费者将瓶装红葡萄酒冬天存放在十分冷凉的地方，这就很容易造成瓶中出现大量的酒石，虽可饮用，但极不美观。

（5）氧化酶性破败病。感染了灰霉菌的葡萄酿成的葡萄酒，在接触空气的情况下就会浑浊，出现棕色沉淀，口感平淡发苦，即棕色破败病。与破败病有关的多酚氧化酶主要有两类，即酪氨酸酶和漆酶。防止此种破败就是加强对葡萄汁的澄清及 SO_2 的处理，采用隔氧发酵和封闭式倒罐等。

第八章　葡萄干、葡萄汁的加工

葡萄作为工业原料，不同的品种适宜加工不同的产品。葡萄除酿酒品种外，还有制干品种、制汁品种、制罐品种等，还可以利用现代新科技从葡萄皮中提取有益的保健品及药品，从种子中榨取葡萄油及提取其他成分。葡萄的各个部位几乎都可以加工出对人类有益的产品，甚至葡萄叶也已走上人们的餐桌，因为葡萄叶里含有白藜芦醇。

一、葡萄制干工艺

葡萄经过晾晒或人工干燥等方法可制成葡萄干。由于原料及工艺的不同，可制成红、绿、黑等颜色的葡萄干。我国葡萄制干历史悠久，据史料考证，我国制葡萄干最早是距今2000年前的后东汉时期。在新疆塔里木盆地南缘的精绝国，现今和田地区民丰县就在考古的废墟中发现有发硬的葡萄干。我国的葡萄制干品种主要是新疆无核白葡萄，占制干总产量的 85%～90%，此外还有马奶葡萄、和田红葡萄等。近年引入许多其他无核品种试制葡萄干，如无核黑、美丽无核、波尔莱特等。对于制干葡萄的栽培，除地域上多限定在干燥地区，还要求成熟前 20～30 天停止灌水。对于戈壁石砾地区在采前 7～10 天也要停止灌水。制干葡萄的可溶性固形物含量应达到 20% 以上。采收时轻拿轻放，果穗的主穗梗向一个方向顺序排放，不能造成果粒挤压破碎、落粒及果梗断裂等。运输中要保持轻装轻卸。葡萄制干的基本工艺流程：原料选择→分级→清洗→整理→护色→干燥→回软→复晒（烘）→成形→包装→成品。葡萄制干的方法可以分为阴干法、晒干法、人工快速制干法。

1. 阴干法制干　阴干法有一定的场所设施要求，它分为晾房和阴棚两种。

晾房法：这是新疆传统的制干方法。先将一块地灌水，使水渗下，达到可以站住人，并能把土切块而不散时进行碾压，然后用平板铁锨切大小一定规格的土块，并将其竖起来晒干。这种土块称为土坯，将土坯砌成高 3.5～4.0 米、宽 3～4 米的墙，其长度可能因地势地形而定。用土坯砌成均匀的孔洞，成一种四面通风的花墙，上面再盖上房盖，在房内设架，将采下来的葡萄挂放在架上阴干。有的地方用木材作房子框架，用红柳枝条编织成通风花墙，有的果农用砖木结构代替土坯建成晾房。

阴棚：用钢材、水泥柱、木材等建筑材料建成宽 10 米、高 3.5～4 米、长 100 米的四面无墙阴棚，使制干量加大，具有一定的生产规模。

晾制方法：主要是采用挂刺来挂葡萄。挂刺有木挂刺和金属挂刺，也有的用挂帘。无论哪种方法主要是将葡萄果穗分别均匀地吊挂起来，使之通风，便于果粒水分蒸发。吊挂时不能刺伤果粒，不能断穗轴。由于采下来的鲜果的穗梗、果梗新鲜脆嫩容易折断，要先在通风处放置半天，果梗略失水分变软再晾挂。由于新疆地区特殊的气候条件，夏秋高温干燥，采用上述自然晾干需要 40～60 天便可将无核白葡萄阴干。当葡萄成干后，要将晾房地面清洁干净，然后摇晃挂刺，再用木干轻轻敲打干燥的葡萄果粒，葡萄干即可落下。一般用风车、筛子、簸箕扬场等方法除去果梗、枯瘪粒等杂质，即获得优质的葡萄干。

2. 直接晾干法　晾干的场地有土场、沙场、砖场、水泥场等。晒制方法是将果穗单层平铺场上。一般每隔 5 天将葡萄翻动一次，以利晒制颜色均匀，干燥的速度也快。晒制果比阴干果颜色深，一般为红褐色或黑褐色。晒制时间一般为 12～15 天可以晒好。但先要收集后堆放 1～2 天使之回潮，再摊开晾晒 1～2 天即收获包装。

严格说，上述两种方法晒制的葡萄干仅仅是粗加工品。从利用太阳能源角度，仍有很大的使用价值，但从食品卫生角度，这类粗加工品必须经过清洗、烘干等精加工工艺环节方能走向市场。

3. 人工制干法　冷冻升华干燥法：其原理是当大气压力达 1 个标准大气压时，水温达 100℃；当空气压力降至 610.61 帕时水的沸点即变为 0℃，当压力减少时水就会由固体变成气体升华，利用这个原理使葡萄整个干燥过程在低温下运行，葡萄损失少、不硬化、蛋白质不变性，体积收缩小，可以保持原有色泽和营养。

微波干燥法：微波加热，不是外部热源加进果实中，而是被加热物内部直接产生热量，所以微波加热均匀，不会引起外焦内湿的现象。目前微波加热加通风排气被广泛应用在食品加工上。

机械干燥法：如隧道式干燥机、滚筒式干燥机、带式干燥机。制干时将葡萄在 1.5%～2.5%NaOH 溶液中处理 1～5 秒钟，然后用清水冲洗去碱液，烘干机每平方米放 14 千克葡萄，烘干初入温度为 45～50℃，最后温度达70～75℃，一般 16～20 小时即可烘干。

近些年新疆有关科研单位引进快速制干新工艺，其工艺流程是：鲜葡萄→浸渍乳液→自然或人工干燥→成品。工艺过程的具体处理方法是：1 升水加入 3.7 毫升油酸乙酯、10 毫升酒精、0.6 克氢氧化钾、30 克硫酸钾，并按此顺序放入并搅拌配制成乳白色浸渍液，将葡萄浸入 1 分钟后沥干药液，如用晒干法需 5 天、阴干法需 12～15 天，制干速度加快并且效率提高。目前，已向甘肃、内蒙古推广。

新疆吐鲁番市葡萄干加工厂，用无核白葡萄加工成巧克力葡萄干，既在经清洗后无核白葡萄干外涂一层均匀的巧克力，具有光亮的巧克力外衣，宜人的巧克力及奶油味，入口细腻滑润，甜而不腻，是一种可口的绿色保健食品。料的配比是：可可粉 8%、代可可脂 30%、全脂奶粉 15%、脱脂奶粉 10%、白砂糖 36% 及卵磷脂、香兰素各 1%。其工艺流程及操作方法：无核白葡萄干→清洗→烘干→挂糖浆→裹巧克力外衣→抛圆→静置→上光→成品。首先清洗无核白葡萄干，清洗要除去杂质、果梗之类的杂物，经过清洗去除泥沙，然后置于强风干燥箱内烘干，烘干温度为 50～60℃，保持 3～4 小时，取出后自然冷却后再进入下道工序。挂糖浆：将冷却后的葡萄干浸入 35% 糖液中浸泡 10～20 分钟，使葡萄干均匀的挂上一层糖液然后空干糖液。涂巧克力外衣：先将代可可脂在 47℃ 的浴锅中加热溶化，拌入白砂糖、全脂奶粉、脱脂奶粉，置于精炼机中精炼 24～28 小时，精炼过程控温 45℃，精炼结束前加入卵磷脂及香料，然后置于 45℃ 左右的保温锅中保温备用。将挂好糖浆的葡萄干置于糖衣机内，开启糖衣机，加入巧克力酱，经过几次重复使巧克力达到要求的厚度即可。葡萄干与外衣的重量比例约为

1：1。为防止粘着，涂衣过程中需用木制圆头的搅拌器顺时搅拌，然后把半成品移入另一个干净的糖衣机中进行抛圆，然后将抛圆半成品置于常温条件下存放1天，使巧克力中的脂肪凝结以提高巧克力的硬度。抛圆之后还需上光，将以上抛圆好的巧克力葡萄干放入抛光锅中，在冷风的配合下，分数次将虫胶酒精溶液加入，一直到摩擦出满意的光亮为止。取达到标准的巧克力葡萄干包装即为成品。

二、葡萄汁加工工艺

果汁饮料是老少皆宜的营养饮料，营养丰富还具有一定的保健价值。按制品状态和加工工艺，天然果汁可分为：浓缩果汁、非浓缩果汁、果饴、果粉四种。葡萄果汁多为浓缩果汁。浓缩果汁一般不直接饮用，多作为配制其他不同品种类型果汁饮料的原料，应用时再加水稀释。浓缩果汁的浓缩倍数有4、5、6倍等几种，可溶性固形物含量可达40%～80%。浓缩果汁常在－10℃以下贮藏，有的则要在－17℃低温保存。果饴是在原果汁中加入食用糖制取的，含糖量达60%以上，酸度很低，稀释后代替新鲜果汁饮用。果粉是在浓缩汁的基础上进一步加工脱水后制成的果汁粉，含水量约在1%～3%。还有带果肉的果汁，带果肉果汁因含有果肉微粒，风味、营养较好，市场上有很多品牌的优质混浊汁果肉饮料。

1. 葡萄汁原料的选择 葡萄是加工葡萄汁的基础。选择适宜的优质葡萄原料及采用科学合理的加工工艺是制取优质葡萄汁饮料的关键。加强葡萄原料的选择处理是保证葡萄汁品质的首要措施。原料本身必须具有良好的风味和优雅典型的香味以及合适的糖度、酸度和适于加工的特性。适于作葡萄汁的葡萄品种多属于美洲种和欧美杂种葡萄品种。如康克（Concord）、卡托巴、柔丁香、玫瑰露、康拜尔早生、爱地朗等。

2. 葡萄汁制作工艺

果汁基本制作工艺流程：原料选择→洗涤→预处理→取汁→粗滤→原果汁。

澄清果汁的工艺流程：原果汁→澄清→过滤→调配杀菌→装瓶。

混浊果汁工艺流程：原果汁→均质→脱气→调配、杀菌→装瓶。

浓缩果汁工艺流程：原果汁→浓缩→调配→装罐→杀菌。

果汁粉的工艺流程：原果汁→脱水干燥→粉碎→包装。

3. 澄清葡萄汁工艺操作要点

（1）去梗破碎、取汁、澄清。葡萄浆果取汁较易，除梗破碎过程与红葡萄酒取汁相同。葡萄果皮表面存有野生天然酵母，在取汁过程中必然将果皮上的野酵母带入葡萄汁，所以要严防酵母在果汁中繁殖产生发酵。取汁后应在较低温度下加入果胶酶，加速果胶物质的水解和香味物质的提取，尽快得到澄清果汁。也可以采用热处理来杀死果汁中的酵母和使果胶变性沉淀，先将果汁迅速加温至 77～78℃，维持 1～3 分钟，果胶物质就会产生凝聚而下沉，然后过滤即可得到澄清果汁。

（2）果汁调配。取汁后根据生产葡萄汁的类型和风格，应对原汁作些适当调整，但调整的范围不宜过大，避免失去原品种的典型特点，使果汁的可溶性固形物含量达到13％～

15%，酸度含量为 0.9%～1%。

（3）灭菌与灌装。巴氏杀菌法：一般采用 80℃ 保持 30 分钟，但这种方法对有些品种会出现煮熟味，同时果汁的香味和维生素可能被破坏或者有些品种发生颜色改变。

膜过滤法：一般经过二次膜过滤即可以达到灭菌的目的，第二次膜过滤的膜孔要小于第一次的膜孔。经过灭菌处理的葡萄汁立即罐装密封，即为成品。膜过滤杀菌法对保持果汁风味、色泽及营养成分都强于巴氏杀菌法。

4. 浓缩葡萄汁的操作要点 浓缩的目的在于缩小体积，便于运输和加工不同类型的产品。浓缩葡萄汁要求可溶性固形物含量达到 65%～68%。浓缩果汁随着水分减少，糖和酸的含量增高而容易贮藏，可节约包装与运输费用。在浓缩葡萄汁内含有约 0.6%～0.7% 酒石，如果不处理会发生酒石析出，所以在浓缩前先进行低温（-5℃）贮藏 1 周左右，使部分水结冰和酒石析出，分离出酒石然后再进行浓缩。

（1）浓缩脱水方法。浓缩方法有真空浓缩法、冷冻浓缩法、反渗透浓缩法等。原始的方法是用加层锅加温使水分蒸发，这种方法效率低，损失香气物质，不能生产出优质的葡萄汁。冷冻浓缩法：是将果汁进行冷冻，果汁中的水即形成冰结晶，分离出结晶水从而得到可溶性固形物提高的浓缩果汁。冷冻浓缩避免了热及真空的作用导致的热变性、挥发物质及香味物质的损失；反渗透浓缩法：是一种现代的膜分离技术，物料不受热的影响，不改变其化学性质，能保持果汁的新鲜风味和芳香物质。

（2）杀菌、包装。一般采用巴氏杀菌法杀菌。80～85℃ 杀菌 20～30 分钟，然后冷却即可达到杀菌目的。有些品种加热时间太长色泽和香味都会有损失，可采用高温瞬时杀菌

— 238 —

法，采用 120℃ 保持 3～10 秒；包装容器种类随果汁品种有所不同，常用的有铁罐、玻璃瓶、纸容器、铝箔复合袋等。

5. 带肉混汁葡萄汁的操作要点

（1）均质。从商品外观看，带肉混汁葡萄汁不如澄清葡萄汁，但带肉混汁营养价值高，已逐渐被消费者认可。均质是混浊葡萄汁制作的特殊操作，其目的在于使果汁中的悬浮粒进一步破碎，使微粒大小均一，促进果胶的渗出，使果胶和果汁亲和，保持果汁的均匀混浊度，获得不易分离和沉淀的果汁。不经均质的混浊果汁由于悬浮颗粒较大，在重力的作用下会逐渐沉淀形成分层。使用均质机通常均质压力一般为 18～20 兆帕，果汁均质前必须滤除掉其中的大颗粒果肉、纤维、沙粒，防止均质阀间隙堵塞。

（2）脱气。脱气也称去氧或脱氧，即除去果汁中的氧气。可防止或减轻果汁中色素、维生素、香气成分等的氧化变质，也可减少对马口铁材料包装的腐蚀。果汁脱气有真空脱气、氮交换脱气、酶法脱气等。真空脱气的原理是气体在液体内的溶解度与该气体在液体表面上的分压成正比，当果汁进入真空脱气罐时，由于罐内气压逐渐降低，溶解在果汁中的气体不断逸出，直至总压力降至果汁的饱和蒸气压为止，这样果汁中的空气便可被排除。

（3）调配、杀菌、包装。为了使果汁符合一定要求和风味，需对果汁的糖酸比例等物质进行调整，保持糖酸比在 13：1～15：1，含糖量在 8%～14%。食用色总量和各种食用香精的总和不得超过 50 毫克/千克。从发展方向上看，果汁应向纯天然方向发展。杀菌采用一般的巴氏杀菌法杀菌，80～85℃ 杀菌 20～30 分钟，然后冷却即可达到杀菌的目的。有些品种加热时间太长色泽和香味都会有损失，混汁果汁还容易产生煮熟味,因此多用高温瞬时杀菌法,即采用93±2℃保持15～30秒杀菌,特殊情况下可采用120℃温度保持3～10秒杀菌。包装随果汁品种和容器种类有所不同,常用的有铁罐、玻璃瓶、纸容器、铝箔复合袋等。

三、葡萄的罐制工艺

果品的罐藏是一种食品保藏方法,是将果品封闭在一种容器中,通过灭菌,维持封闭状态,可以长期保存,这就是制罐的目的。

1. 罐藏葡萄原料 用于罐藏的葡萄应具有良好的罐藏特性,具有成熟度一致、果粒硬度大、糖酸度适中、良好的运输性和耐破损性。常见的罐藏葡萄品种:

(1)苏丹玫瑰:欧亚种,果皮为黄色,果粒重8克,表面光滑,硬度大,果汁白色,可溶性固形物16%,充分成熟具有良好的香气。

(2)卡它库尔干:欧亚种,果穗、果粒均大,果粒重9克以上,果肉硬,无涩味,汁少,白色,果皮为黄绿色,硬度大,可切片。

(3)白马拉加:欧亚种,果粒7.5克,果皮薄,黄绿色,果肉脆,汁少,白色,可溶性固形物17.0%,可滴定酸含量为0.93%。

2. 主要工艺操作要点

(1)葡萄罐制品的基本工艺流程:选料→预处理→装罐→注入糖水→排气→密封→杀菌→冷却→包装→成品

(2)原料选择、装罐。要求原料新鲜,成熟适度,可食部分大,糖酸含量高,单宁含量低,果实组织致密,大小均匀，形状整齐，上色充分、无病虫。

装罐前应做好空罐的清洗消毒工作，保证罐的清洁。空罐清洗最好在装罐前，过早长期搁置会造成二次污染。装罐前应对罐进行检查，罐口、罐盖有变形的将其拣出。

首先要配制糖液，用糖液填充罐内葡萄空隙。用于配制糖液的糖要求是高纯度的白砂糖，可以用夹层锅将糖用少量水溶解为一种清亮浓厚的糖浆，稀释到装罐要求的浓度。

装罐操作。葡萄装罐剔选的果粒要求大小、颜色要均匀。不要装得过满，要保留一定的空隙以便注入糖液。糖液表面至罐盖顶部的距离称顶隙，顶隙不能太大也不能太小，顶隙太小在密封杀菌时会因为膨胀造成罐体变形或爆破，也就是俗称的胀罐。

（3）装罐应注意的问题。罐装时的物料温度很重要，封罐后要求罐头内有一定的真空度。真空度的大小与罐装时温度有关。高温度灌装其真空度相对要高，在同样温度下装料多的比装料少的冷却后真空度要高。真空度越小罐内空气就越少，对铁质罐体的腐蚀也少。

（4）排气、密封。为了保证罐内较高的真空度，需要尽量排出顶隙间的空气。常用的排气方法是将原料和注液灌入后将罐头盖盖上，但不封盖，然后送进排气箱加热升温，让罐头里的物料膨胀，使原料中的气体排出，原料升温一般要求达到 75～80℃。依据原料的耐热性来确定加热温度。排气过程运行要均匀平稳，要求真空度达到 26.7～40 千帕。当原料品温达到要求温度后即可封盖。

机械化封装设备，一般都是装料、加温、排气、封盖等操作在一条线上完成。罐头的封盖是罐头制作最后一道工艺，也是罐头保证质量及能够长期贮藏和运输的重要的一道技术工艺。罐头封盖有专用的封盖机械，要按照瓶型选择合适型号的封盖机。排气与密封的加热也是一个灭菌的过程。

（5）冷却、成品存放。罐制品热封杀菌结束后必须迅速冷却，以利色泽、风味和质地的保持。一般采用冷水冷却到38～40℃，然后用干净的手巾擦干罐面的水分。成品罐头进入库房应按品种整齐堆放，堆与堆之间应有一定距离，按生产日期排列以便出库、检查、管理。

四、葡萄的其他加工品

葡萄全身是宝。夏天葡萄的嫩叶和嫩梢卷须含有白藜芦醇等多酚物质，经加工即可食用；葡萄皮可提取红色素，葡萄皮浸泡之水可以沐浴，使皮肤保健美白、抗衰老，并能提取多酚类物质用于制药与保健品生产，提高人的免疫力与抗病力；种子可以提炼成精油，这种油含有大量的不饱和脂肪酸特别是亚油酸，其含量达65%～80%，还含有P、E等维生素，对降低人体胆固醇和血脂具有明显的作用，还有降血压增生黑毛发等功效。日本利用葡萄种子油作为化妆品原料和高级食用油，价格昂贵，每吨达8 000美元以上。葡萄种子占果实重量的4%左右，出油率为10%～12%。

主要参考文献

[1] 孔庆山．中国葡萄志．北京：中国农业科技出版社，2004

[2] 顾国贤．酿造酒工艺学．北京：中国轻工业出版社，1996

[3] 李喜宏，陈丽．果蔬保鲜技术．北京：科学技术文献出版社，2000

[4] 李 华．现代葡萄酒工艺学．西安：陕西人民出版社，2000

[5] 田 勇．红地球葡萄优质栽培与贮运保鲜．郑州：中原农民出版社，2001

[6] 王文生．果蔬保鲜实用技术．北京：台海出版社，2001

[7] 冯双庆．果蔬保鲜技术及常规测试方法．北京：化学工业出版社，2001

[8] 李喜宏．果蔬经营与商品化处理技术．天津：天津科学技术出版社，2003

[9] 李喜宏．果蔬微型节能保鲜冷库．天津：天津科学技术出版社，2003

[10] 高海生．果蔬贮藏加工学．北京：中国农业科技出版社，1999

[11] 李家庆．果蔬保鲜手册．北京：中国轻工业出版社，2003

[12] 王文生．果蔬贮运病害防治技术．北京：中国农业科技出版社，2004

建设社会主义新农村书系 第2批

种植业篇

养殖业篇

建设社会主义新农村书系 第 1 批

民主管理与政策法律篇

村民代表会议制度知识(3.80元)

农民专业合作经济组织知识(3.80元)

乡村社会事业管理知识(4.40元)

农村经济纠纷(5.60元)

农民经营决策技巧(7.80元)

现代农业经营管理(7.10元)

村民委员会选举基本知识(5.60元)

新农村法律知识问答(6.80元)

新农村的社会保障(5.70元)

乡村基层组织建设知识(6.40元)

农村党支部工作问答(7.70元)

新农村建设与县域经济发展(7.60元)

小康家园建设篇

省柴节煤灶炕(5.20元)

农业环境污染防治技术(4.20元)

农村能源利用(6.90元)

家庭节能妙招(3.50元)

家用太阳能热水器的使用与维护
  (5.00元)

被动式太阳房使用管理(4.50元)

户用小型风力发电机使用与维护
  (5.00元)

生物质炉灶的使用与维护(5.00元)

微型水利发电站的使用与维护
  (4.50元)

太阳灶使用知识(5.00元)

文化生活篇

农家小幽默(7.80元)

农家棋类游戏(6.30元)

农村应用文快速写作法(9.30元)

趣联故事精选(7.30元)

农家乡土菜(8.40元)

茶文化基础知识(5.20元)

中外经典流行歌曲集(6.80元)

中外经典影视歌曲集(6.80元)

中外名歌经典(6.80元)

中外合唱经典(15.00元)

卫生保健篇

营养茶膳(3.30元)

乡村医生手册(8.80元)

按摩治疗常见病(5.50元)

农家食疗方(8.10元)

农家育儿经(7.70元)

中成药自购自用指南(16.20元)

农家常见病自我用药(8.10元)

新婚知识200问(7.80元)

浅谈肝炎防治(5.20元)

图解常见病手疗法(4.30元)

图解常见病足疗法(5.10元)

农家治病小验方(7.30元)

农村劳动力转移培训篇

装饰装修工培训手册(7.30元)

护理工培训手册(6.20元)

进城务工指导手册(6.00元)